U0336825

同济博士论丛
TONGJI Dissertation Series

总主编 伍江　副总主编 雷星晖

谢　楠　李爱平　著

基于Petri网的可重组制造系统
建模、调度及控制方法研究

Research on Modeling, Scheduling and
Controller of Reconfigurable Manufacturing
System Using Petri Nets

同济大学 出版社
TONGJI UNIVERSITY PRESS

内 容 提 要

　　本书基于系统动态建构和模块化的特点,利用 Petri 网这一形式化和图形化分析工具,提出和设计了可重组制造系统的建模、调度和控制方法,并进行了大量的数值仿真与比较研究。本书的研究成果推进和丰富了可重组制造系统关键技术的研究,对解决与之相关的制造系统问题具有一定的指导作用。本书可供相关制造业从业人员参考阅读。

图书在版编目(CIP)数据

基于 Petri 网的可重组制造系统建模、调度及控制方法研究 / 谢楠,李爱平著. —上海:同济大学出版社,2017.5
(同济博士论丛 / 伍江总主编)
ISBN 978 - 7 - 5608 - 6888 - 2

Ⅰ. ①基⋯ Ⅱ. ①谢⋯②李⋯ Ⅲ. ①Petri 网—系统建模②机械制造—系统建模 Ⅳ. ①TP393.19②TH16

中国版本图书馆 CIP 数据核字(2017)第 082039 号

基于 Petri 网的可重组制造系统建模、调度及控制方法研究

谢　楠　李爱平　著

出 品 人　华春荣　　责任编辑　朱　勇　卢元姗
责任校对　徐春莲　　封面设计　陈益平

出版发行　同济大学出版社　　www. tongjipress. com. cn
　　　　　(地址:上海市四平路 1239 号　邮编:200092　电话:021 - 65985622)
经　　销　全国各地新华书店
排版制作　南京展望文化发展有限公司
印　　刷　浙江广育爱多印务有限公司
开　　本　787 mm×1092 mm　　1/16
印　　张　10.75
字　　数　215 000
版　　次　2017 年 5 月第 1 版　　2017 年 5 月第 1 次印刷
书　　号　ISBN 978 - 7 - 5608 - 6888 - 2

定　　价　53.00 元

"同济博士论丛"编写领导小组

组　　　长：杨贤金　钟志华

副 组 长：伍　江　江　波

成　　　员：方守恩　蔡达峰　马锦明　姜富明　吴志强
　　　　　　徐建平　吕培明　顾祥林　雷星晖

办公室成员：李　兰　华春荣　段存广　姚建中

"同济博士论丛"编辑委员会

袁万城　莫天伟　夏四清　顾　明　顾祥林　钱梦騄
徐　政　徐　鉴　徐立鸿　徐亚伟　凌建明　高乃云
郭忠印　唐子来　阎耀保　黄一如　黄宏伟　黄茂松
戚正武　彭正龙　葛耀君　董德存　蒋昌俊　韩传峰
童小华　曾国苏　楼梦麟　路秉杰　蔡永洁　蔡克峰
薛　雷　霍佳震

秘书组成员：谢永生　赵泽毓　熊磊丽　胡晗欣　卢元姗　蒋卓文

总 序

在同济大学110周年华诞之际,喜闻"同济博士论丛"将正式出版发行,倍感欣慰。记得在100周年校庆时,我曾以《百年同济,大学对社会的承诺》为题作了演讲,如今看到付梓的"同济博士论丛",我想这就是大学对社会承诺的一种体现。这110部学术著作不仅包含了同济大学近10年100多位优秀博士研究生的学术科研成果,也展现了同济大学围绕国家战略开展学科建设、发展自我特色,向建设世界一流大学的目标迈出的坚实步伐。

坐落于东海之滨的同济大学,历经110年历史风云,承古续今、汇聚东西,秉持"与祖国同行、以科教济世"的理念,发扬自强不息、追求卓越的精神,在复兴中华的征程中同舟共济、砥砺前行,谱写了一幅幅辉煌壮美的篇章。创校至今,同济大学培养了数十万工作在祖国各条战线上的人才,包括人们常提到的贝时璋、李国豪、裘法祖、吴孟超等一批著名教授。正是这些专家学者培养了一代又一代的博士研究生,薪火相传,将同济大学的科学研究和学科建设一步步推向高峰。

大学有其社会责任,她的社会责任就是融入国家的创新体系之中,成为国家创新战略的实践者。党的十八大以来,以习近平同志为核心的党中央高度重视科技创新,对实施创新驱动发展战略作出一系列重大决策部署。党的十八届五中全会把创新发展作为五大发展理念之首,强调创新是引领发展的第一动力,要求充分发挥科技创新在全面创新中的引领作用。要把创新驱动发展作为国家的优先战略,以科技创新为核心带动全面创新,以体制机制改革激发创新活力,以高效率的创新体系支撑高水平的创新型国家建设。作为人才培养和科技创新的重要平台,大学是国家创新体系的重要组成部分。同济大学理当围绕国家战略目标的实现,作出更大的贡献。

　　大学的根本任务是培养人才,同济大学走出了一条特色鲜明的道路。无论是本科教育、研究生教育,还是这些年摸索总结出的导师制、人才培养特区,"卓越人才培养"的做法取得了很好的成绩。聚焦创新驱动转型发展战略,同济大学推进科研管理体系改革和重大科研基地平台建设。以贯穿人才培养全过程的一流创新创业教育助力创新驱动发展战略,实现创新创业教育的全覆盖,培养具有一流创新力、组织力和行动力的卓越人才。"同济博士论丛"的出版不仅是对同济大学人才培养成果的集中展示,更将进一步推动同济大学围绕国家战略开展学科建设、发展自我特色、明确大学定位、培养创新人才。

　　面对新形势、新任务、新挑战,我们必须增强忧患意识,扎根中国大地,朝着建设世界一流大学的目标,深化改革,勠力前行!

万　钢

2017 年 5 月

论丛前言

　　承古续今，汇聚东西，百年同济秉持"与祖国同行、以科教济世"的理念，注重人才培养、科学研究、社会服务、文化传承创新和国际合作交流，自强不息，追求卓越。特别是近20年来，同济大学坚持把论文写在祖国的大地上，各学科都培养了一大批博士优秀人才，发表了数以千计的学术研究论文。这些论文不但反映了同济大学培养人才能力和学术研究的水平，而且也促进了学科的发展和国家的建设。多年来，我一直希望能有机会将我们同济大学的优秀博士论文集中整理，分类出版，让更多的读者获得分享。值此同济大学110周年校庆之际，在学校的支持下，"同济博士论丛"得以顺利出版。

　　"同济博士论丛"的出版组织工作启动于2016年9月，计划在同济大学110周年校庆之际出版110部同济大学的优秀博士论文。我们在数千篇博士论文中，聚焦于2005—2016年十多年间的优秀博士学位论文430余篇，经各院系征询，导师和博士积极响应并同意，遴选出近170篇，涵盖了同济的大部分学科：土木工程、城乡规划学（含建筑、风景园林）、海洋科学、交通运输工程、车辆工程、环境科学与工程、数学、材料工程、测绘科学与工程、机械工程、计算机科学与技术、医学、工程管理、哲学等。作为"同济博士论丛"出版工程的开端，在校庆之际首批集中出版110余部，其余也将陆续出版。

　　博士学位论文是反映博士研究生培养质量的重要方面。同济大学一直将立德树人作为根本任务，把培养高素质人才摆在首位，认真探索全面提高博士研究生质量的有效途径和机制。因此，"同济博士论丛"的出版集中展示同济大学博士研究生培养与科研成果,体现对同济大学学术文化的传承。

"同济博士论丛"作为重要的科研文献资源,系统、全面、具体地反映了同济大学各学科专业前沿领域的科研成果和发展状况。它的出版是扩大传播同济科研成果和学术影响力的重要途径。博士论文的研究对象中不少是"国家自然科学基金"等科研基金资助的项目,具有明确的创新性和学术性,具有极高的学术价值,对我国的经济、文化、社会发展具有一定的理论和实践指导意义。

"同济博士论丛"的出版,将会调动同济广大科研人员的积极性,促进多学科学术交流、加速人才的发掘和人才的成长,有助于提高同济在国内外的竞争力,为实现同济大学扎根中国大地,建设世界一流大学的目标愿景做好基础性工作。

虽然同济已经发展成为一所特色鲜明、具有国际影响力的综合性、研究型大学,但与世界一流大学之间仍然存在着一定差距。"同济博士论丛"所反映的学术水平需要不断提高,同时在很短的时间内编辑出版 110 余部著作,必然存在一些不足之处,恳请广大学者,特别是有关专家提出批评,为提高同济人才培养质量和同济的学科建设提供宝贵意见。

最后感谢研究生院、出版社以及各院系的协作与支持。希望"同济博士论丛"能持续出版,并借助新媒体以电子书、知识库等多种方式呈现,以期成为展现同济学术成果、服务社会的一个可持续的出版品牌。为继续扎根中国大地,培育卓越英才,建设世界一流大学服务。

伍 江

2017 年 5 月

前　言

　　可重组制造系统作为可以适应多品种、变批量、多功能、快速交货和短市场寿命产品的生产模式的新型制造系统,受到了理论界和工程界的广泛关注及深入研究。由于可重组制造系统具有模块化、可集成、可定制、可变结构以及可诊断的新特点,发展与之相适应的关键使能技术成为一项重要的研究课题。建模、调度和控制作为支撑制造系统提高管理水平、优化水平以及自动化水平的关键理论与方法,其研究和应用的成果已经成为制造系统总体应用水平的一个重要标志。本书基于系统动态重构和模块化的特点,利用 Petri 网这一形式化和图形化分析工具,提出和设计了可重组制造系统的建模、调度和控制方法,并进行了大量的数值仿真与比较研究。本书的研究成果推进和丰富了可重组制造系统关键技术的研究,对解决与之相关的制造系统问题具有一定的指导作用。

　　本书的研究问题及所取得的主要成果归纳如下:

　　(1) 提出可重组制造系统的理论框架及其关键使能技术。分析了多品种、变批量的生产方式对制造系统的要求,对适应这一发展趋势的可重组制造系统定义、特性和组成进行了描述,提出可重组制造系统的结构和设计原则,给出了可重组制造系统的理论框架,指出和详细分析实现可重组制造系统关键使能技术,并阐述如何运用这些技术实现可重组制造系统。从技术角度提出实现可重组制造系统的一个切实可行的完整体系。

(2) 提出基于扩展随机 Petri 网的可重组制造系统建模方法。为适应可重组制造系统可变结构的特点,采用自底向上建模方法,将可重组制造系统不同类型的加工资源对应于相应的扩展随机 Petri 网基本模块,采用过渡变迁合成扩展随机 Petri 网模型。该模型通过反映可重组制造基本特征的模块,可方便、有效地描述可重组制造系统的组元升级和组态调整。模型能适应任意分布的制造系统,可精确地反映生产过程。

(3) 提出基于行为表达式的可重组制造系统性能分析方法。为克服目前常用的基于 Petri 网可达图的性能分析方法存在状态空间爆炸的问题,将行为表达式的性能分析方法引入可重组制造系统的扩展随机 Petri 网模型,给出了可重组制造系统性能分析方法,该方法不必画出系统可达图就可进行系统性能分析,并直接得到系统参数之间的定量函数关系,利用该关系式可直观、简洁地得到系统性能及相应趋势图,计算仿真结果验证了该方法相对于基于传统马尔可夫理论链分析方法的优越性。

(4) 提出一种基于确定性时间 Petri 网和遗传算法的调度方法,解决可重组制造系统的生产调度问题。为描述可重组制造系统的可变结构,给出了基于确定性时间 Petri 网的基本调度模块,并建立了系统的调度模型。遗传算法采用可重组制造系统 Petri 网模型的激发序列作为染色体,选择、交叉及变异算子都是对 Petri 网元素进行操作,与问题空间无关;目标函数采用系统重组费用与提前/拖期惩罚相结合的多目标优化。该算法在满足交货期的前提下,有效降低了系统重组费用,减少了成品/半成品的库存占用时间,提高了系统的成本经济效益。

(5) 提出一种基于 Petri 网并支持混流生产的可重组模块化逻辑控制器设计方法。针对可重组制造系统模块化结构、混流生产等特点,可重组模块化逻辑控制器包括产品决策逻辑控制器以及加工设备逻辑控制器,通过施加不同的条件变量以明确相互之间的时序关系,并给出了相应的模块连接算法。通过 Petri 网自身特性,验证了可重组模块化逻辑控制器是活性、安全和可逆的。该方法的特点为高度模块化、易于重构、支持混流、可方便地实现分布式控制。

目 录

第1章

绪 论

本章介绍本书的研究背景、国内外研究现状、主要研究内容和意义以及本书的内容安排。

1.1 研究背景

制造业是国家的经济支柱产业之一。在中国,占到全国 GDP 的 40％以上,2004 年达到 6 万亿元。[1]2004 年全国设备制造业和电气机械器材制造业分别比上年增长了 22.2％和 17.7％。[2]以上海为例,其制造业每年对 GDP 增长的贡献率高达 65％。[3]优先发展先进制造业,具有重大的现实意义,提高先进制造技术水平是提高制造业核心竞争力的必然要求。

随着现代科学技术的日新月异,现代制造业正面临不可预测、快速多变和不断增强的市场竞争等一系列问题,表明在由激烈的全球化竞争、逐步提高的客户素质和创新的工艺技术直接驱动的新产品上市速度、产品零部件、客户需求、工艺技术和政策法规等多个方面的变化,反映了经济、技术和社会之间的平衡。企业只有具有快速、高效和低成本地适应各种变化的能力,才能在新的环境中生存。[4]因此,如何快速响应瞬息万变的市场成为业界共同思考的问题。

20 世纪 90 年代左右,计算机辅助设计(Computer aided design,简称 CAD)的广泛应用,极大地缩短了产品设计时间。另一方面,制造企业也试图通过对制造部门的资金投入,配置更多的加工设备和物流设备来减少产品生产周期并实现快速转产。如何根据市场订单快速调整制造过程,从客观上来说需要有一种由客户订单驱动,以多品种、变批量、多功能、快速交货和短市场寿命的产品等为特征的生产模式。传统制造系统显然不能适应这一形势的发展要求,需要发展一种能够通过制造资源构件调整和制造系统快速重构,适应生产系统内外部各种影响因素的变化,将多品种、变批量的生产问题全部或部分地转化为一定批量生产的新型制造系统,即可重组制造系统(Reconfigurable manufacturing system,简称 RMS)。[5,6]

建模、调度和控制作为支撑制造系统提高管理水平、运筹水平、优化水平以及自动化水平的关键理论与方法,它们的发展将极大地提高制造系统总体应用水平。本书将进一步丰富和扩展制造系统的建模、调度及控制方法,尤其是应用于可重组制造系统的建模、调度和控制方法,因此,具有一定的理论意义。另一方面,作为先进制造技术中的重要基础理论之一,本书的研究成果将为采用多品种、变批量生产方法的企业,进行可重组生产线的技术革新和改造提供理论、技术和实践依据,并促进以个性化服务为宗旨的生产行业(如汽车、电器、机电等)中,包括准时生产、敏捷制造、成组技术等在内的先进生产管理技术的发展,因此,也具有重要的实际意义。

1.2 制造系统发展现状

1.2.1 生产模式的变迁

制造系统的生产模式总是随着制造企业竞争目标和竞争要素的变化而不断发展的。20世纪20年代,以福特为代表的大规模生产成为工业界广泛采用的生产模式。大规模生产采用的刚性制造系统以流水线为特征,通过形成规模经济实现低成本。它的一个原则就是面向统一的市场标准化产品,从而形成了稳定的产能和缓慢的产品变化。20世纪80年代后,世界市场发生了重大变化,经济全球化、用户需求个性化、大市场和大竞争等促使企业采用新的技术和新的管理方法。于是,一种新的生产模式——大规模定制开始浮出水面。大规模定制旨在以大规模生产的效率和成本提供个性化的定制产品。[7]表1-1为大规模生产与大规模定制生产模式的对比。[8,9]

表1-1 大规模生产与大规模定制的对比

生产模式 指 标	大 规 模 生 产	大规模定制生产
经济模式	规模经济	知识经济
关键特征	稳定的需求、统一的市场; 低成本、质量稳定、标准化产品; 产品生命周期长	个性化的需求、多元化的市场; 低成本、高质量、定制化产品; 产品生命周期短
主要生产要素	劳动力	知识
对制造系统的要求	刚性和专用性	柔性和重组性

近年来,随着用户对产品个性化定制的不断增长和市场需求的剧烈变化,企业在产品的快速设计时采用了既继承又创新的方式,因此,制造

系统的生产产品势必混合了具有较大规模的标准化产品以及符合不同客户要求的个性化产品,这样必然造成制造系统的混批、变批生产,原有大规模定制生产模式的部分特征也逐渐演变为多品种、变批量。

1.2.2 先进制造系统

由于生产模式的变更,世界各国对现代制造系统展开了广泛而深入的研究,这不仅是发展制造业本身的需要,也是各国适应全球经济发展对本国的企业进行产业结构调整的需要。[9]任何一种制造系统的存在和发展都是为了适应生产模式的某一变化。[10,11]由此,在制造领域相继提出了许多新思想、新概念,产生了新的制造技术和制造系统。

根据 CIRP(国际生产工程学会)近 15 年来发表的文献统计,所提出的先进制造系统的模式多达三十多种,如:柔性制造、计算机集成制造、并行工程、精益生产、敏捷制造、多智能体制造、协同制造、绿色制造、智能制造、全球制造、可重组制造等。以上各种制造系统中,有的已经研究了很多年,并有了成熟的系统,如柔性制造系统等;有的近年来展开一定规模的研究并有一些已实现的系统,如精益生产等;还有的尚处于研究之中,未形成成熟的系统,如可重组制造系统等[9]。

其中,最具代表性的有以下几种:

● 柔性制造系统(Flexible manufacturing system,简称 FMS)

柔性制造系统基于所有可用柔性和功能构建,针对某一特定产品族实现多功能、高效能生产。FMS 以其良好的产品适应能力一经提出就在日本和欧洲得到了较快发展。然而,FMS 引入美国工业界的速度相对较慢,其中主要的原因包括:FMS 有限的投资回报率、对操作员工的高要求以及系统复杂性。[12,13]

● 精益制造(Lean manufacturing,简称 LM)

作为适应大规模定制生产模式的一个有效手段,精益制造的提出主

要是为了减少生产过程的浪费、降低成本的同时提高质量。[14,15]

● 敏捷制造(Agile manufacturing,简称 AM)

美国里海大学在 1991 年发表的"21 世纪制造企业战略"报告中提出了敏捷制造。[16-18]敏捷制造关注的焦点是企业内部以及企业之间的灵活管理,它借助网络化制造平台,使得信息在企业内部、企业与用户、企业与供应商直接连续流动。

● 可重组制造系统(Reconfigurable manufacturing system,简称 RMS)

20 世纪 90 年代末,为适应新的市场环境,美国的 Y. Koren 教授等首次正式提出 RMS 的概念。[5]RMS 具有制造系统的组元(结构化的元件、主轴、控制器、软件、夹具及刀具等)可升级、组态(物理构形)可调整的特征,能根据市场变化形成新的生产能力和生产功能。[19]上述 RMS 的概念关注生产系统的加工、物流和控制系统,是广义敏捷制造概念中制造系统的主要发展模式。

1.2.3 可重组制造系统与其他制造系统的比较

多品种、变批量的产品生产需要可重组制造系统(RMS)既具有一定的刚性和专用性来保证高的生产效率,又具有快速转产的柔性能力和通用性。因此,既具有刚性制造系统(Dedicated manufacturing system,简称 DMS),也具有柔性制造系统(FMS)的特点。然而,FMS 在设计之初就固定了软硬件结构并将其集成到一个系统,很难严格区分某项具体功能与某个具体组(部)件的对应关系,这样导致了系统几乎没有可能根据要求进行升级、定制、改变自身生产能力。[13]因此,RMS 作为 FMS 的继承和发展正日益受到关注。以下对 DMS、FMS 和 RMS 三种制造系统进行比较。[4-6]

1. 设计原理及设计目标比较

表 1-2 为三种制造系统的设计原理和目标比较。

表 1-2　三种制造系统的设计原理和目标

制造系统	设计原理	目标
刚性制造系统（DMS）	刚性制造系统是专门针对某一种零件而不是基于变化的生命周期设计，一般采用自动生产线	刚性制造系统的设计目标是实现特定产品高的生产率和质量、低的生产成本
柔性制造系统（FMS）	柔性制造系统是针对某一产品族柔性生产设计，硬件主要包括多轴 CNC 机床，软件主要为可编程的控制程序。可根据生产订单实现定制柔性	柔性制造系统的设计目标是某一产品族内要求的生产率和质量、低的生产成本
可重组制造系统（RMS）	可重组制造系统由可变结构的软硬件组成，支持系统形态的重构，通过快速改变自身构形响应市场变化，为不同零件族提供了定制柔性	可重组制造系统的设计目标是根据生产需求的不同，快速改变自身生产功能和生产能力

与柔性制造系统不同，可重组制造系统可有效减少因系统重组或再设计导致的系统 Rump-up 时间和费用，并可将现有生产系统与新的技术和功能进行快速集成。[19]

2. 生产能力-生产功能关系比较

三种制造系统生产能力-生产功能关系如图 1-1 所示。

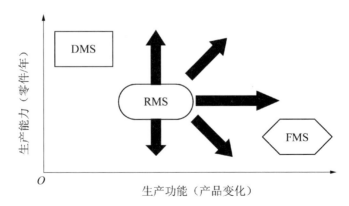

图 1-1　三种制造系统生产能力-生产功能关系

与 DMS 和 FMS 不同,RMS 的生产能力是个动态演化的过程,如图 1-2 所示。

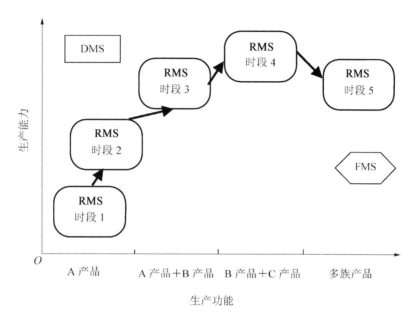

图 1-2 可重组制造系统生产功能-生产能力演化

DMS 具有很高的生产率,但是其生产品种单一,生产能力和功能在设计之初就固定不可改变。在统一市场需求稳定的情况下,DMS 表现出高效率和低成本,随着全球市场竞争的加剧,DMS 生产能力的发挥受到了限制。

FMS 是采用"先设计后使用"的方法,即针对特定用户,适合某一特定零件族,在构建之初往往预留了很多功能,使得 FMS 大量可用生产能力得不到充分的发挥,一些预设的生产功能往往满足不了新的需求。

RMS 弥补了 DMS 和 FMS 的不足,其生产能力和生产功能介于两者之间,不同阶段表现出不同的状态。

3. 生产率和系统构建费用关系比较

DMS 在设计的最大生产能力范围内其系统构建费用和生产率之比

为一个常数,当 DMS 需要扩充其生产能力时需要昂贵的构建费用。FMS 在其设计柔性范围内的系统构建费用和生产率之比为一个常数。与 FMS 不同,RMS 的系统构建费用和生产率之比不是一个常数,不同的构建阶段其比值取决于 RMS 的初始设计和市场环境。具体比较如图 1-3 所示。

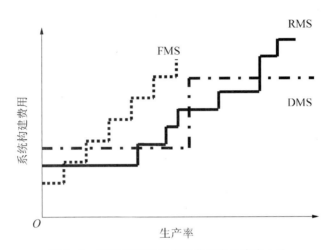

图 1-3　三种制造系统构建费用和生产率之比

4. 总体性能指标比较

三种制造系统总体性能指标对照见表 1-3。

表 1-3　三种制造系统总体性能指标比较

特　征	类　型	DMS	FMS	RMS
基本制造特征	生产特征	单一或少品种、大批量生产	一族零件、批量生产	多族零件、变批量生产
	生产柔性	无/极低	中等	高
	过程可变性	无/极低	中等	大
	功能可变性	无	无/小	大
	可缩放性	无	中等	大
	生产成本	低	中等	低/较低

续 表

类 型 特 征		DMS	FMS	RMS
系统特征	可重组性	不可重组	不可重组	可重组
	设备结构	固定式（专用）	固定式（通用）	可重组
	工装	固定式（专用）	模块化（通用）	可重组
	加工作业	多刀为主	单刀为主	可变

1.3 国内外研究现状

1.3.1 可重组制造系统的国内外研究现状

1991 年，在美国里海大学向美国国会提交的《21st Century Manufacturing Enterprise Strategy》(21 世纪制造企业战略)[16]研究报告中，首次提出了敏捷制造的概念，报告中指出，为实现敏捷制造的战略要求制造系统是可重组(Reconfigurable)的。

1995 年，在美国国防部、能源部、美国国家标准局和技术研究所以及美国自然科学基金委员会共同资助下，由麻省理工学院的"敏捷性论坛"(Agility Forum)和"制造先驱"(Leader for Manufacturing)以"下一代制造"(Next Generation Manufacturing，简称 NGM)为题展开研讨。于 1997 年公布了《下一代制造-行动框架》，[20]该行动框架中提到："一个 NGM 企业必须具备以下属性：顾客响应度、企业响应度、人力资源响应度、全球市场响应度、组织响应度、快速响应度的运作实践和文化。"

1998 年，美国国家研究委员会对 2020 年制造业面临的挑战进行了研究，以便能更加合理有效地确定研究投资重点，最终形成《Visionary

Manufacturing Challenges for 2020》(2020 年制造挑战的设想)报告。[21]该报告指出了制造企业面临的六大挑战,并给出了迎接这些重大挑战的关键技术,并按重要性依次列出:

- 可重组制造系统;

- 绿色制造;

- 技术创新工程;

- 用于制造的生物技术;

- 建模与仿真技术;

- 知识工程;

- 产品和过程设计的新方法;

- 改善人—机界面;

- 新的教育体系和方法;

- 智能化软件。

我国"863"及"973"计划将现代制造系统及其集成技术列为一个主题。1998 年以来,国家自然科学基金委对涉及"可重组""制造系统"为关键词的基础项目进行了一定数量的资助。[22]

上述国家制造战略的确定,使得可重组制造系统及其相关技术成为国内外研究的热点之一。2001、2003、2005 年国际生产工程研究学会(CIRP)连续召开了可重组制造系统国际会议。表 1-4 列出了 2005 年在密歇根大学召开的可重组制造系统国际会议主题,从中也可以看出可重组制造系统包含的内容、研究重点和发展趋势。[23]

表 1-4　2005 年可重组制造系统国际会议议题

领　域	议　题
系统级	◆ 制造系统配置 ◆ 制造系统生产能力及其可缩放性 ◆ 制造系统可转换性

领　域	议　题
系统级	◆ 生产线均衡生产 ◆ 生产调度 ◆ 面向可重组制造的加工工艺设计
可重组制造系统控制	◆ 离散事件动态系统控制 ◆ 控制网络 ◆ 人机互操作 ◆ 开放式控制系统
经济性分析	◆ 基于全生命周期的系统经济性模型 ◆ 大规模定制 ◆ 基于 RMS 的企业流程模型 ◆ 基于 RMS 的制造系统风险分析 ◆ 可重组费用
Rump-up 时间	◆ 生产过程快速诊断 ◆ 生产过程监测
可重组加工设备	◆ 可重组加工机床 ◆ 模块化加工设备
可重组制造系统的实际应用	◆ 可重组的敏捷制造企业(半导体加工领域) ◆ 可重组加工系统 ◆ 可重组装配系统

　　欧美、日本等许多学者在 20 世纪 90 年代初就提出了制造系统及制造单元的可重组性并展开了深入的研究。其中,最著名的国外研究院所及其研究概况简述如下:

　　● 1996 年美国密歇根大学同一批企业在美国国家自然科学基金委员会(NSF)和工业界 3 080 亿美元的资助下开始了"基于物理组态可变的可重组制造系统""产品装配过程的变流理论与建模"等基础理论方面的研究,[24]美国密歇根大学对机械加工、装配和焊接的可重组自动化装备的硬件和软件进行了系统研究,并成立了 RMS 工程研究中心(RMS-ERC),首次完整地提出了可重组制造系统的概念。[25]

密歇根大学 RMS 工程研究中心在全球 RMS 的研究中起到至关重要的作用。该研究中心的研究工作集中在以下几个方面。

① 系统级设计

通过研究可重组算法来发展高效的可重组系统,其主要目标是减少系统重组设计时间,降低系统费用。主要研究内容包括:针对某一具体零件族的可重组设计算法;基于产品多样性、质量、系统可扩展性的系统配置研究;产品全生命周期的经济性模型。

② 控制系统

主要目标为新一代可重组机床及机床控制器的设计方法研究。主要研究内容包括:可重组机床的设计理论研究;可重组机床原型设计;逻辑控制系统的控制方式;开放式控制器。

③ 检测及 Rump-up 时间

主要目标为减少形成新的可重组系统的 Rump-up 时间的研究。主要研究内容包括:变流理论;加工过程中,可重组监控和诊断;针对实时零件测量,发展光传感器技术。

④ 能及时响应的系统维护

主要目标为通过利用 Internet、Web 等技术预测系统维护,将正常生产的中断减少到最小,将系统响应水平提到新的层次。主要研究内容:开发一种工具用来更好的监控加工过程;预测生产水平下降的原因,利用预测信息来防止意外生产中断;努力实现生产过程不停产。

2006 年,密歇根大学 RMS 工程研究中心对上述的第四点研究内容进行调整和补充,更新为:

⑤ 系统操作

主要目标为针对产品混流生产模式下,开发适用 RMS 系统过程操作的理论和方法,主要包括生产路线的重新调度以及快速响应策略等。主要研究内容包括:研究有效的决策系统以减少维护对系统生产率的影响；针对市场波动研究生产调度问题；研究设备故障时保证最大产品完成率的调度策略。

● 德国机床联合会（VDM）提出的新型控制器方案的原则为：可组配、模块化和开放式。德国斯图加特大学的机床研究所对可重组机床及可重组的控制系统进行了研究，给出了车间可重组控制系统的原型架构以及基于可重组的车间信息流模型[26,27]。

● 英国剑桥大学制造系统研究所（IFM）的分布式自动控制中心（Centre for distributed automation and control，简称 CDAC）对基于全生命周期的制造系统重组过程等基础理论进行了研究，提出了基于合弄（Holonic）的可重组制造系统的控制结构[28-30]。

● 美国 Illinois 大学的柔性自动化技术研究实验室（FARL）开发了一套用于可重组制造系统（车间级）的设计、配置、仿真的原型集成环境（EMBench），系统采用模块化、组件式的设计以及图形化用户界面[31,32]。

● 日本三菱公司的工业电子及系统实验室对可重组控制器进行研究，提出模块化控制器的物理结构设计方法。[33]

● 美国威斯康星大学进行了用于可重组系统的组合夹具计算机辅助设计研究开发。[34]

● 德国汉诺威大学在欧盟资助下开展了 MOSYN 计划。通过使用计算机辅助构形系统（Computer aided configuration system，简称 CACS），帮助加工人员制定符合生产需要的最优系统构形。[35]

1998 年，我国也开始对可重组制造系统及其关键技术进行研究。

● 国家自然科学基金委员会资助北京机床研究所与清华大学联合进行了 RMS 理论与方法的基础研究。[36] 主要对 RMS 理论框架、RMS 布局等方面进行了研究，提出了基于组态式柔性制造单元组成的阵列式布局的创新结构体系，建立了以生产效益为该系统设计和运行决策目标的随机模型。

● 中科院自动化研究所承担的国家"973"计划项目"复杂生产制造过程实时、智能控制与优化理论和方法研究",对复杂生产制造过程中的系统重构理论与方法体系进行了研究[37]。

● 东南大学对适用于快速重组制造系统下的 CAPP 技术进行了研究。[38]

● 北京理工大学对基于可重组单元的生产线规划进行了研究。[39]利用遗传算法对可重构单元进行构建或重构,并将可重构单元作为生产线的基础模块,通过对可重构单元及其相关设备地增删或调整,改变单元和生产线的加工能力。

● 上海交通大学提出了可重构装配系统的概念,采用面向对象的知识着色时间 Petri 网建立可重组装配系统模型。该模型给出能够完成某一装配工序的装配模块,模块之间由消息驱动实现,在此基础上能够快速实现装配系统的重构。[40]

● 上海交通大学、浙江大学、重庆大学对可重组机床的设计方法进行了研究,[41-43]分别涉及了可重组机床控制器设计方法、可重构机床的动态特性、可重构机床部件设计等若干方面。

随着对可重组制造系统多个技术层面的深入研究,世界各国都相继出现了一些具有可重组特征的制造系统或生产线原型。

● 北京机电院承担的"刚柔结合可重组制造系统及应用示范",开发了集成系统级模块化结构机床和设备,系统重组时间小于 3 天。该系统达到的效果:设备投资同比减少 47%,生产成本降低了 30%,在线生产的产品每个月可快速更换 3~5 次。[44]

● 清华大学利用人工智能实现了汽车减震器、焊接与装配线制造单元的重组,取得良好的效果,如焊接单元重组后占地面积压缩了 63.6%,作业人员减少了 36.4%,人均生产率提高 190%,减少设备台数 50%。[45]

● 无锡某计算机器件制造厂对 CNC 机床进行重组，其最短的重组周期为 8 小时。[37]

● 美国 ATS 公司自动工具系统中的带驱动机器人实行静止驱动和 H 带配置，只需旋转坐标系统就能实现 X/Y 轴重组互换。[46]

● 加拿大 Tri-way 公司为美国汽车供应商提供的可重组制造系统用于汽车连杆加工制造，其锭带传动、主轴进给以及导向系统三者合一，产品更换时间为半个小时。[47]

● 美国德克萨斯大学阿灵顿分校建立了多机器人装配试验系统（Dynamic reconfigurable assembly system），该项目的目标是开发适合多品种、小批量制造模式的可重构加工工具，从而提高自动化生产的敏捷性，并降低生产成本。其部分技术已经应用于洛克西德-马丁公司以及德州仪器公司的机械装配生产线。[48]

综上所述，国内外的大专院校及科研院所都已经在可重组制造系统的各个方面展开了一定的研究，上述理论已经应用于不同的原型系统中，取得了良好的效果。

制造系统的建模分析、调度以及控制是制造系统工程方法体系的重要组成部分。作为可重组制造系统的重要支撑理论和技术之一，上述三种关键技术成为实现可重组制造系统不可或缺的部分。

离散事件动态系统的两个主要特征为：状态空间是离散集，状态转移是事件驱动的。制造系统中的加工次序、零件的分散加工、加工资源的竞争等可以对应离散事件动态系统的并行关系、异步关系、冲突等特性。因此，是一类典型的离散事件动态系统。

可重组制造系统除了具有普通意义制造系统的特征之外，还具有动态性和可变性的特点。因此，经典的制造系统的数学分析方法并不完全适应可重组制造系统的描述。

近年来,离散事件动态系统的相关数学方法的发展为解决可重组制造系统相关问题提供了有力工具。针对可重组制造系统的建模、调度和控制既是发展可重组技术的内在基础理论支撑,也是涉及离散事件动态系统等应用数学成果向应用技术领域的自然转化。

1.3.2 制造系统建模技术及性能分析方法的国内外研究现状

利用模型进行科学技术的研究已有悠久的历史,从最早的原样模型,到后来抽象意义的相似及数学模型,建模技术在不断地发展。制造系统建模就是运用适当的建模方法将制造系统抽象地表达出来,通过研究系统的结构和特性,对制造系统进行分析、综合及优化。[49]模型可以支持对系统的分析和综合、新系统的设计与现有系统的重构、系统控制与调度以及系统仿真。

制造系统是具有并行、异步、事件驱动、死锁和冲突等明显特征的离散事件动态系统(Discrete event dynamic system,简称 DEDS)。[50]由于系统大多属于离散事件动态系统而不服从物理学定律或广义物理学定律的约束,因此不能像连续变量动态系统(Continous variable dynamic system,简称 CVDS)那样采用传统的微分方程或差分方程建立数学解析模型。

图示概念模型利用所规定的图形符号和自然语言描述,并建立系统的功能模型,即刻画系统中的功能活动及其相互关系,其中最常用且效果较好的是 IDEF 建模方法。[51]IDEF 方法已被广泛地应用于制造系统中计算机应用系统的分析和设计领域。其特点是:① 通过简单的图形符号和自然语言来清楚、全面地描述系统;② 采用严格的自顶向下、逐层分解的结构化方法来建立系统功能模型;③ 明确系统功能和系统实现之间的差别,即"做什么"和"如何做"的差别;④ 通过严格的人员分工、评审、文档管理等程序来控制所建模型的完整性和准确性。[52]IDEF

模型的优点是对制造系统的信息流进行详尽的建模,充分表达了信息在系统中的流程;其缺点是无法通过该模型对制造系统这类典型的 DEDS 进行定量的系统性能分析。

1. 制造系统的 DEDS 建模方法

针对 DEDS 国内外已有多种图示-解析混合建模方法,具有代表性的有:形式语言与自动机、极大-加法代数、算术与布尔函数法、排队论、马尔可夫链、摄动分析及 Petri 网。[53-56]

● 形式语言与自动机　形式语言与自动机理论的基本出发点是:每一个 DEDS 都是具有与其关联的事件集 E,事件集可看作是一个语言的"字母表"(Alphabet),事件序列则是该语言的"字"(Word),自动机则是根据一定的规则通过组合字母来产生一种语言的"装置"(Device)。在这种架构下,建立的 DEDS 模型就是能够说某种语言的装置(自动机)。这一方法的重要应用是 DEDS 的监控。DEDS 监控的基本问题是对于 DEDS 施加闭环控制,强制地获得某些期望的系统性能。在自动机模型中,为事件集 E 设置时钟结构用以描述事件发生所经历的时间,从而引入时间自动机。若时间为随机的,即时钟结构是个概率分布函数集合,从而引入随机时间自动机。[57]

● 极大-加法代数　引入该方法的目的是建立 DEDS 的时间化线性模型,该模型与连续状态变量系统的线性离散事件模型状态空间方程相对应。极大-加法代数主要引入了两种基本运算:"加"与"乘"。极大-加法代数法已用于制造过程的分析和优化。[58]

● 算术与布尔函数法　算术与布尔函数法的目的是为 DEDS 建立离散系统的状态函数和输出方程形式的方程和函数,但所有的变量均为布尔量(0 或 1)。与极大-加法代数法不同,算术与布尔函数法仍然采用一般的代数运算。该方法已用于多种工件离散物流传输系统的建模与控制中。

● 排队论　排队论的研究对象是排队系统和排队网络。在建立排队模型时,必须定义三类参数:① 顾客到达与服务的随机过程概率分布类型和参数;② 模型的结构参数,如队列的存储容量、服务员个数等;③ 操作规则,如接纳到达的顾客的条件及对于某类顾客特惠等。通常排队队列模型表示为:A/B/m/QD/K/P。此处:A 为顾客达到间隔时间概率分布;B 为服务时间概率分布;m 为服务员个数;QD 为描述队列规则,其中有以下几种规则:先到后享受服务(FCFS)、后到先享受服务(LCFS)、享受服务的顺序为随机的(SIRO)和一般排队规则(GD);K 为队列存储容量,当容量为无穷时,省略;P 为顾客抽样的群体大小,当无穷大,省略。排队论对于有资源竞争的随机 DEDS 分析作出了重要贡献。[59]

● 马尔可夫链　马尔可夫特征是指某事件轨迹的某点上事件发生所产生的下一状态值仅与当前状态有关,而与过去的状态轨迹无关。当随机时间自动机具有泊松时钟结构时,可以产生退化的马尔可夫链。在给定所有状态转移的概率以及初始状态下的概率分布,可以确定状态在任意时刻的概率。马尔可夫链在制造系统建模与分析中得到了广泛地应用。

● 摄动分析　摄动分析提供了一种视为随机 DEDS 的定量性能分析的方法,它通过观察 DEDS 的单一样本轨迹计算其性能指标相对于某些系统参数的灵敏度来进行分析。[60]

● Petri 网　一个基本 DEDS 的 Petri 网模型的结构元素包括:用图表示的库所(Place)、用长方形或粗实线表示的变迁(Transition)以及带箭头的弧(Arc)。库所描述 DEDS 的可能状态,变迁代表 DEDS 可能的事件。通过弧建立局部状态与事件之间的联系,等价于自动机中的状态转移函数,表示使事件能够发生的局部状态或事件发生所引起的局部状态变化。Petri 网具有并发、形式化等特点,是描述 DEDS 最有效的一

个手段。[61,62]

Petri 网是一种结构化的描述工具,能充分描述 DEDS 局部与局部之间的关系。因此,能反映事件的先后、并行、同步与异步特征,反映系统的冲突、互斥、非确定及系统死锁;能直接从可视的 Petri 网模型动态产生监控控制编码,实现 DEDS 的实时控制;能用于仿真,实现对系统的分析与评估;Petri 网能转化为其他 DEDS 模型(如马尔可夫链、自动机等)。由于上述优势,Petri 网被广泛地应用到制造系统建模中,如单条流水线、柔性制造系统、智能制造系统等。

2. 基于 Petri 网的制造系统建模技术

根据系统最终模型的不同构建过程,基于 Petri 网的制造系统建模方法共分三种:自底向上、自顶向下以及混合建模方法。自底向上的建模方法首先将制造系统分成若干子系统并分别表征它们,然后通过共享变迁或库所合成最终模型。相反,自顶向下的建模方法首先从宏观上整体表达系统,然后逐步细化其中的每个变迁或库所直至系统被充分描述清晰。[62]混合建模方法综合了对制造系统操作过程的自顶向下建模以及对制造资源的自底向上建模。[63]上述文献从建模方法上探讨了基于 Petri 网的制造系统建模技术,除此以外,Petri 网自身的不断演化也给建模技术带来持续发展的动力。

随着 Petri 网自身特性的扩展,相继出现了着色 Petri 网、面向对象 Petri 网、模糊 Petri 网、可变结构 Petri 网等,这些 Petri 网高级形式的出现能方便地结构化描述日益复杂的现代制造系统。[62,64]为支持结构变化制造系统建模,文献[65,66]针对变结构制造系统,提出了可变结构的时间 Petri 网。文献[67]采用 RCN 技术,研究了具有组装功能的离散制造系统的控制问题,并针对系统活性进行了分析。文献[68]针对 FMS 短的循环周期和最少在制品这两个变量,采用 PN for short (UTPN)对柔性生产线进行建模和分析。上述方法通过 Petri 网的分析工具如可达图、T 不变量、P 不变量能对被描述的系统进行结构分析,如死锁、活性、有界等。

为了对 DEDS 系统的性能进行分析,Ramchandani[69]引入了确定性(Deterministic)时间特性,产生了时间 Petri 网(Timed Petri nets,简称 TPN)。在 TPN 中系统固定时延与库所或变迁联系在一起,除了能分析系统结构外,还能分析系统的循环周期性能(如系统吞吐率、资源利用率等)。Zurawski R[70]利用 TPN 对制造单元(包括 2 台设备、2 个机器人和 2 辆小车)进行了分析,计算了系统运行周期以及在制品数量。

实际上,制造过程的操作或活动所需的时间往往并非确定的,确定时间的 Petri 网对真实系统的模拟还不充分。随着随机 Petri 网(Stochastic Petri nets,简称 SPN)[71]以及广义随机 Petri 网(Generalized stochastic Petri nets,简称 GSPN)[72]的出现,提高了对真实系统的模拟程度,开启了带有随机特征的制造系统性能分析之门。GSPN 因减轻了 SPN 状态空间爆炸的问题而得到广泛应用。GSPN 假设制造过程符合指数分布或者为瞬时过程,通过构造同构马尔可夫链并计算其转移概率矩阵得到系统状态的稳定概率分布,据此可计算系统各项性能指标[73]。Robert Y[74]对自动生产线进行了建模,并进行了自动线的性能分析,证明了 n 台机器 $n-1$ 个缓冲是活性的。Jin Young Choi[75]提出了一个基于 GSPN 的分析框架,对能力受限的柔性自动可重组生产线进行建模、分析和控制。

然而,真实的制造系统是个非常复杂过程,其中既包括了确定时间的变量,也包括了随机时间变量。由于扩展随机 Petri 网(Extended stochastic Petri nets,简称 ESPN)[76]中可包含任意分布的随机变量,因此,它的出现进一步提高了对制造系统的建模及分析能力。目前,利用 ESPN 对制造系统进行建模还不多见。

3. 可重组制造系统动态建模技术

可重组制造系统动态建模技术是可重组制造系统的一个重要支撑

技术,通过建模可分析制造系统的加工能力、可变构件配置的合理性等。

Liberopoulos[77]建立了柔性制造系统的能力分析模型,分析对所有产品的加工能力,该柔性制造系统由不同的具有重组能力的加工设备组成,这些加工设备能够同时加工不同的产品,进行产品之间的快速切换。黄雪梅等[78]提出了构建面向可重构装配线的数字仿真验证平台,研究了仿真平台中的系统集成、制造实体建模等关键技术。Guixiu Qiao[79]提出了采用有色 Petri 网描述大规模定制制造系统的方法,支持大规模定制制造系统的动态和重组特性与操作。Eungjoo Lee[80]采用自底向上的资源控制网(Resource control nets,简称 RCN)技术对制造系统进行建模,一个 RCN 子网包括一个资源库所和操作库所,系统通过这些子网的变迁组合形成系统模型,这些变迁联系方式的改变就意味这一系统物理模型的改变。

上述文献对可重组制造系统的不同侧面的建模及分析作出了初步的探讨。

4. 有待研究的问题

可重组制造系统是一个典型的复杂生产过程,同其他的制造系统模型相比,其建模方法的特点为:

● 可重组制造系统更注重通过自身构件的变化和重组来适应生产的变化,描述可重组制造系统的模型必须具有高度的重用性[81,82],在制造系统发生变化时能够迅速、方便地反映这一变化。

● 系统内部既有固定节拍的设备加工时间、工件运输时间又有随机产生的设备故障、构件重组等一系列影响因素,根据对象的快速变化相应地重构描述系统,建立系统模型。

● 寻求一种满足包含任意分布 Petri 网模型的定量性能分析方法,而且要避免可达图状态空间爆炸问题。

因此,有必要研究适合可重组特性的随机 Petri 网建模技术及满足任意分布的制造系统分析方法。

1.3.3 制造系统调度方法的国内外研究现状

有效的调度方法和优化技术是实现先进制造和提高生产效益的基础和关键。[83]所谓调度优化算法,就是一种搜索过程或规则,它是基于某种思想和机制,通过一定的途径或者规则得到满足用户要求的问题的解。[84]

1. 现有的调度优化方法

目前,在调度领域大致有如下一些优化方法。

● 运筹学方法

运筹学方法是将生产调度问题简化为数学规划模型,采用基于枚举思想的分支定界法或动态规划算法进行解决调度最优化或近优化问题,属于精确方法。文献[85]提出了不同的分支定界法,其不同点主要在于分析规则、定界机制和上界的产生这三方面存在差异。这类方法虽然从理论上能求得最优解,但由于其计算复杂性的原因,因而不能获得真正的使用。

● 基于规则的方法

对生产加工任务进行调度最传统的方法是使用调度规则,因其调度规则简单、易于实现、计算复杂度低等原因,能够用于动态实时调度系统中,多年来一直受到学者们的广泛研究,并不断涌现出新的调度规则。文献[86]中总结了 113 条规则,将它们按形式分为了三类:简单规则、复合规则和启发式规则,并针对一个实际的 FMS,分析了这些规则对系统性能(如作业的平均等待时间、设备的平均利用率、作业总加工时间等)的影响。

启发式规则虽然直观、简单、易于实现,但并不存在一个全局最优的调度规则,它们的有效性依赖于对特殊性能需求的标准及生产条件。它是局部优化方法,难以得到全局优化结果,并且不能对得到的结果进行次优性的定量评估。

- 基于 DEDS 的解析模型调度方法

由于制造系统是一类典型的离散事件动态系统,因此,可以用研究离散事件动态系统的解析模型和方法去探讨车间调度问题,诸如排队论、极大/极小代数模型、Petri 网等。[53]调度中的排队论方法是一种随机优化方法,它将每个设备看成一个服务台,将每个作业作为一个客户,作业的各种复杂的可变特性及复杂的路径,可通过将其加工时间及到达时间假设为一个随机分布来进行描述。[87]基于 Petri 网的调度算法能处理制造系统并发、冲突和随机性。[88]

由于制造系统中存在不确定因素,建立解析模型存在一定的困难。

- 基于排序的方法

该方法是先有可行性加工顺序,然后才确定每个操作的开工时间,并对这个顺序进行优化,它虽然属于近似算法,但有可能达到最优的调度方案。它主要是邻近搜索法,它在生产调度领域得到了相当广泛的应用,在探索解空间时,仅对选定的成本函数值的变化做出响应,因而通用性强。这类方法包括局部探索(Local search,简称 LS)[89]、模拟退火法(Simulated annealing,简称 SA)、[90]遗传算法(Genetic algorithms,简称GA)[91]和神经网络优化。[92]

邻近搜索虽然可能得到最优的调度方案,但也存在各自的不足,一般采取混合算法来弥补单一方法的不足。

- 基于智能的调度方法

在 20 世纪 80 年代,以卡耐基梅隆大学的 Fox M 为代表的学者们开展基于约束传播(Intelligent scheduling and information system,简称 ISIS)的研究为标志,人工智能才真正开始应用于调度问题。文献[93]中探讨了一种基于知识推理的专家系统模型,以实现作业排序问题的求解,并给出了采用三种不同知识表示方式和分段推理的排序知识处理方法。该部分主要包括智能调度专家系统、基于智能搜索的方法及基于多代理技术的合作求解的方法等。

2. 基于 Petri 网与排序的混合调度方法

调度问题包括了针对具体问题的建模及其相应的调度算法。混合调度方法可以扬长避短地吸取各种调度算法的长处并限制短处,其中基于 DEDS 的解析建模方法和基于排序的方法的糅合,因其建模精确、计算时间短得到了广泛地研究和应用。

Petri 网作为描述 DEDS 最常用的建模工具,在制造系统建模方面有着广泛的应用[94]。建立在 Petri 网基础上的混合调度算法主要分为两类。

● 基于 Petri 网可达图的启发式搜索算法

Shih 和 Sekiguchi[95]在利用 Petri 网仿真 FMS 功能的过程中,利用局部调度解决冲突。Lee 和 DiCesare[96]用人工智能的算法给出了一个解决生产调度问题的框架。Sun 和 Cheng[97]对 Lee 的方法进行了改进,提出了有限扩展的 A*算法。薛雷等[98]针对 FMS 利用增强确定时间 Petri 网和类 A*算法进行了多目标优化。

● 基于 Petri 网的遗传算法

Muth[99]最早使用遗传算法对一个 10×10 的 Job shop 问题进行了优化。Shun-Yu Lin[100]等使用着色时间 Petri 网和遗传算法对一个 Wafer probe center 进行了建模和调度。Yung-Yi Chung 等[101]使用 TPPN 和 GA 算法对一个 FMS 系统进行了建模和调度。An-Chih CHuang 等[102]使用 QCPN(Queueing colored Petri net)和 GA 对 Wafer 制造进行了建模和调度。Xu Gang[103]使用了 Petri 网和 GA 算法解决了 FMS 系统死锁问题。郝东[104]利用 Petri 网的激发序列作为染色体编码解决了一个 FMS 中的 Job shop 问题。

上述调度方案主要解决了小规模 FMS 或 Job shop 问题。第一类方法的启发式算法针对复杂应用问题需要制定复杂的启发规则,复杂系统的 Petri 网可达图存在状态爆炸问题,导致算法效率的低下。第二类方法的 GA 调度算法中未充分利用 Petri 网优势来降低算法的复杂度,并且调度方法不能适应 RMS 生产调度的需求(包括调度算法必须和系统自身的结构脱离、利用不同构件的增减和整合适应生产以及不同构形下的多目标优化等)。

3. 可重组制造系统调度方法

可重组制造系统调度方法是系统实施过程中的一个重要技术,该技术适时调整因设备故障、生产能力变化因素而引进的系统重组。

Chen-Hung Wu[105]考虑了一个两阶段的随机排队制造系统中,可重组资源的最优分配问题,证明了在不考虑可重组资源的安装费用和时间的情况下,一个最优的单调策略的存在性。Ahmed M. Deif[106]在系统层面上研究了可重组制造系统的生产能力优化调度问题,采用 GA 算法得到可重组制造系统何时重组和重组时生产能力改变多少的一个最优方案。Yasuhiro[107]采用粒子群算法研究了可重组制造系统的车间布局和传输机器人(Transport robot)的优化分配问题。Mustapha Nourelfath[108]研究了两类可重组制造系统的优化问题,一类是在一定的资源限制下,找出配置方案来最大化系统的生产能力;第二类是找出达到某一生产能力的最小资源成本。Mingyuan Chen[109]研究了在动态生产环境下,最小化重组费用的问题,提出了一个整数规划模型来最小化机器的加工处理花费和可重组花费,然后将这一整数规划问题分解为难度降低的子问题,并分别采用动态规划的方法来对其进行求解。

4. 有待研究的问题

RMS 针对产品或产量的变化对现有制造系统的资源进行重组,最大限度利用原有资源对系统构件进行快速重组、替代、整合及升级,使制造系统适应同一产品族或不同族多品种、变批量的产品生产。在满足系统并发、共享和加工路径的可选择性等特点之外，RMS 的生产调度提出了不同于 FMS 和 DML 的新课题，如系统构件模块化设计并可快速重构、根据生产任务进行组元重组、重视系统的成本经济性等。

RMS 的生产调度问题是在一定约束条件下，既要解决生产批量及相应加工排序问题，还要解决资源如何重构问题，以获得高的设备利用率、短的生产周期以及高的顾客满意度。

1.3.4　制造系统控制器设计方法的国内外研究现状

大规模生产时代出现的自动化流水线适应了大批量生产的要求，这种流水线采用了集中控制结构，系统控制器的目的是周而复始地进行同一种控制，从而生产同类型产品，[110]所有的设备动作都是直接受控于逻辑控制器(Logic controller)。基于 IEC61131 - 3 传统的逻辑控制设计语言，如梯形图、顺序功能图、功能块图等由于交互移植性差、分析上缺乏有力的数学支撑等，受到很大的限制。[110]

从离散事件动态系统的角度看，制造系统的控制就是建立与维持所期望的系统事件发生的序列。经过这些事件序列的发生，系统从初始状态到达最终状态，最终状态反映了生产任务的完成。从事件的发生序列中，可以得到需要的信息，考察制造系统运行过程。因此，制造系统的控制问题和离散事件动态系统的特征密切相关。[53]制造系统必须是无死锁、活性和可逆的，因此，制造系统控制器也应该具备上述要求。[111,112]

国外已经提出了多种形式化的方法进行逻辑控制器的设计、分析与验证。目前，常用的制造系统逻辑控制器设计方法主要采用有限状态机和 Petri 网两种方式。

1. 基于有限状态机的制造系统控制器设计方法

输入-输出有限状态机(Input - output FSM，也称之为 Mealy 机)较早地引入逻辑控制器中，[113]但是这种模型的结构不是模块化的，而是一个整体，不容易进行分布式控制开发和模型功能的调整。

Harel[114]提出了 State chart，在有限状态机的基础上引入了层次结构，State chart 可以简洁地描述复杂系统的行为，但是其复杂的执行语义使得模型的验证变得极为困难。Damm[115]和 Rausch[116]分别对 State chart 进行了修改，限制其语义复杂度。

Endsley[117]提出了模块化的有限状态机模型来设计开发验证逻辑控制器，其设计框架是模块化的，各个子 FSM 被封装在预先定义好的通信模块中；并且可以自动生成相应的控制逻辑代码控制制造系统的运行。

Sreenivas[118]提出了网状条件/事件系统（Condition/event），由相互通信的条件/事件子系统组成。

FSM 在逻辑控制器中得到了广泛的应用，然而它主要描述顺序型的操作，不能很好地表示控制系统异步并发的特性。与 FSM 相比，Petri 网不仅能描述同步模型，更适合于相互独立、异步并发特征的协同操作控制。

2. 基于 PN 的制造系统控制器设计方法

Petri 网具有完备的系统分析和验证方法，因此也是控制器设计和验证的另一个强有力工具[119]。文献[119][120][121]使用 Petri 网设计制造系统中的逻辑控制器，但是方法过于复杂，不具有实用性。

Ferrarini[122]提出了基于 Petri 网的逻辑控制器增量模式设计方法，该方法可保证系统活性并具有部分修复功能。Odrey[123]提出了出错恢复 Petri 子网用于实时的出错处理，可以实时地增删控制器的出错恢复路径。Giua[124]采用整数规划技术和 Petri 网结合对监控系统进行验证。Kelwyn[125]采用 Petri 网分析了控制系统的死锁问题，并研究了死锁避免方法。Zaytoon[126]提出了自顶向下的控制器设计方法，该方法采用基于层次结构逐步分解技术和模块化 Petri 网获得 Grafcet(一种逻辑控制器图形化表示工具[56]),并对所设计的控制器进行死锁、活性等性能的验证。文献[127][128]采用基于信号解释 Petri 网的控制器分析和设计方法,利用层次化、模块化和接口技术将控制器规划为开放的体系结构,确定了可达图和化简技术结合的模型分析方法,并分析了其重构能力。Park[129]提出了基于事件的模块化控制器设计方法,并给出了系统分析方法,通过加入时间特性,使得系统生产周期和瓶颈工位的时间可方便地计算出来。该模块化方法给控制器的快速重组设计带来了一定的便利。

3. 有待研究的问题

由于上述方法的复杂性以及要求较高的 Petri 网背景知识,并没有广泛地应用到制造系统中。

一个好的控制系统,应提供完善的机制,准确无误地实时响应各种指令,协调各部分运行。同时,可重组制造系统的构成单元应该具有高度智能,防止死锁,能通过单元自身或单元之间动态重构适应环境变化。因此,可重组制造系统对控制器提出了特定的要求,概括为:

● 模块化、分布式控制,满足对现有复杂制造系统的有效控制。
● 对未来无法预测的需求应能快速反应,易于快速重构。

1.4 研究内容及意义

1.4.1 研究内容

本书以可重组制造系统为研究对象,综合离散事件动态系统、Petri 网理论、排序论、系统组合最优化等理论和方法,研究系统建模和性能分析、车间任务调度以及逻辑控制器设计方法。

本书的主要研究内容如下：

（1）可重组制造系统理论框架及关键技术

随着制造业全球化竞争的加剧，用户需求的多样化和产品更新换代的加快，可重组制造系统应运而生。在分析多品种、变批量的生产方式对制造系统的要求后，对适应这一发展趋势的 RMS 的定义、特性和组成进行了描述，研究 RMS 的理论框架和设计原则，并详细阐述实现 RMS 的关键使能技术，以及这些关键使能技术是如何有机结合保证 RMS 的运行和重构。

（2）可重组制造系统建模及性能分析方法

RMS 可根据市场变化进行组态调整和组件升级，系统的建模与分析方法必须能适应制造系统动态重组的特点，因此，给系统建模带来了一定的难度。针对 RMS 模块化、可动态重组等特点，研究与之相适应的系统建模方法。

在建立动态模型的基础上，分析系统优化目标（生产费用、制造周期或关键资源利用率等）与生产活动、路径、生产活动的开始时间及持续时间等系统要素之间的关系。针对系统包含任意分布特征，给出系统性能分析方法。

（3）可重组制造系统调度方法

快速响应市场是可重组制造系统的目标之一，研究面向准时生产的适应快速重组与成本经济平衡的优化调度算法，根据生产过程中的各种因素（系统 Rump-up 时间、设备重组费用、设备故障率、订单变化等）建立合理的优化调度策略，动态地组织和重组资源，提供系统构件重组，组态升级的依据，以快速适应市场订单的变化，最大潜力发挥资源利用率。

（4）可重组制造系统控制器设计技术

为适应可重组制造系统模块化、变结构的特点，从制造过程的加工工序安排出发，研究可重组的系统逻辑控制器，并验证控制器的活性、安全性和可逆性。设计方法能根据生产指令的变化,快速实施重构和调整,并能保持新系统的逻辑结构和行为。

1.4.2 研究意义

先进制造业是未来若干年内全球大制造概念中的重中之重,也是中国经济产业生命周期的自然延续,提高国家核心竞争力的坚强基石。作为先进制造业中的一个重要部分,可重组制造系统的基础理论和相关技术的研究成果,将在科学理论和社会经济具有重要的意义。

本课题的理论意义:

(1)可重组制造技术是一种基于市场或产品驱动的具有物理组态可变(可重组)能力的先进制造模式,比传统的柔性自动化生产线具有更大的创造性突破和超越式发展,是市场全球化发展的产物。因此,此项技术是适应今天和明天先进制造技术发展的新一代技术群体中一个重要而适用的技术,对制造企业增强竞争力有着重要意义。

(2)可重组制造系统的研究是对现有制造资源进行不同的利用和配置来满足不同产品之间的转换。在快速多变的市场环境中,制造系统只有通过动态重组才能快速平稳地转换到新的状态,可重组性成为制造系统的一个重要指标。

(3)通过对面向可重组的制造系统关键技术的研究,可构造基于可重组理论的制造系统架构体系,建立精确反映可重组生产的动态随机模型及其相应的评价体系,对系统资源管理、作业计划、实时调度等过程进行优化;建立适应混流生产的系统控制器设计方法。

相关技术的研究成果和成功应用,将在以下几个方面促进社会进步和经济建设的发展:

(1)促进汽车、电器、机电行业中复杂机电产品柔性生产技术、人机混流生产技术的研究和开发,为其他复杂产品生产线的研发提供了理论和实践依据。

（2）促进汽车、电器、机电行业中包括准时制生产、敏捷制造、成组技术等在内的先进生产管理技术的研究。

（3）企业可以通过对可重组制造系统的快速重构,快速转产出满足市场需要的产品,同时,企业也可以利用可重组生产的柔性,快速推出新产品。

（4）通过对可重组技术的研究和开发,可为其他相关行业和生产系统提供服务,进而实现产业化。本研究成果还可以作为一般模式,推广到本领域的各种生产模式中,将使本领域制造系统的设计开发的水平和能力得到大幅度提高。

1.5 内 容 组 织

本书以下章节的内容安排如下:

第 2 章,根据多品种、变批量的生产模式,提出可重组制造系统理论框架及关键技术,并分别予以详细阐述。

第 3 章,提出了基于扩展随机 Petri 网的可重组制造系统模块化建模方法,并在此基础上采用基于行为表达式的分析方法,得到系统性能指标,并以实例说明该方法的有效性。同时,给出基于广义随机 Petri 网的系统建模和分析方法,作为对比性研究。

第 4 章,提出了基于确定性时间 Petri 网和遗传算法的调度方法解决可重组生产线的生产调度问题,实例表明了该调度算法的有效性。

第 5 章,研究了可重组制造系统控制技术,提出了可重组制造系统逻辑控制器的设计方法,验证了该控制器的逻辑特性并分析其重组性能。

第 6 章,总结了本书内容,并指出了需进一步研究的方向。

1.6　本研究依托的项目

本书的研究工作是以以下项目为依托:① 上海市"十五"重点科技攻关项目"汽车电机可重组装配生产线关键技术与装备的开发应用"(编号:031111002);② 高等学校博士学科点专项科研基金资助项目"面向多品种、变批量生产的可重组制造系统研究"(编号:20040247033);③ 上海市基础研究重点项目"随机可重组制造系统建模与调度集成优化方法研究"(编号:05JC14060)。

在分析了国内外可重组制造系统研究现状和发展趋势的基础上,以可重组制造系统建模及性能分析、调度方法和逻辑控制器设计作为主要研究对象展开研究。

第2章

可重组制造系统理论框架及其关键技术

随着制造业全球化竞争的加剧,用户需求的多样化和产品更新换代的加快,对产品的要求为:更多的产品变化,更短的产品生命周期,更低的产品成本和更高的产品质量。为快速适应产品变化,企业在产品设计上既保留经典设计又开发创意设计,因此,产品的生产过程常常混合了多品种(同一产品族或相近产品族)、变批量、混流生产等特点。

多品种、变批量的产品生产需要制造系统既具有一定的刚性和专用性来保证高的生产效率,又具有快速转产的柔性和通用性。传统的制造系统(如刚性制造系统、柔性制造系统)显然不能满足这一要求,可重组制造系统正是在这样的背景下提出的。[4,5,130]

本章从上述制造系统出发,首先讨论了可重组制造系统的定义和特点,分析了制造系统的重组性;其次,给出了可重组制造系统的理论框架;最后,提出了可重组制造系统的设计原则和使能技术,详细分析了可重组制造系统的关键使能技术。上述关键使能技术的实现是实现可重组制造系统的基础。

2.1 定义及特点

任何系统(自然系统或人造系统)都具有人们用于将其从客观世界中辨别和分离出来的确定物理形态或抽象概念模式,这种形态或模式称为系统的构形。构形包括由其所有构件组成的整体集合、构件之间的关系、构件的属性等多方面的内容。[131]

制造系统的重组是指能根据不同的生产目标对现有制造资源进行不同方式的重新利用、配置和集成。在激烈的市场竞争中,可重组性成为系统生存和发展的根本手段。

2.1.1 制造系统的可重组性

制造系统的可重组特性,根据可重组制造系统范围的不同可分为:内部组织重组、产品重组、过程重组、系统级重组、部件级重组等。根据制造系统的不同层次,其可重组性也具有层次性,如图 2-1 所示。[4]

1. 内部组织重组

指企业内部不同组织单元间以及同一组织单元内部的重组,根据外部条件的变化,具有自组织、自适应、自优化的单元系统不断演化形成较为稳定的单元结构,单元之间的合作、协同、冲突、竞争最终形成支持整体目标的重组系统。[132]

2. 产品重组

指在设计阶段由用户需求变化、原材料变化、环境变化、生命周期变化等原因而产生的产品重组。主要包括:产品变形设计(通过产品在结构、形状、尺寸等方面的一定变形适应新的需求)、产品模块化设计和多构形的全生命周期产品数据管理。

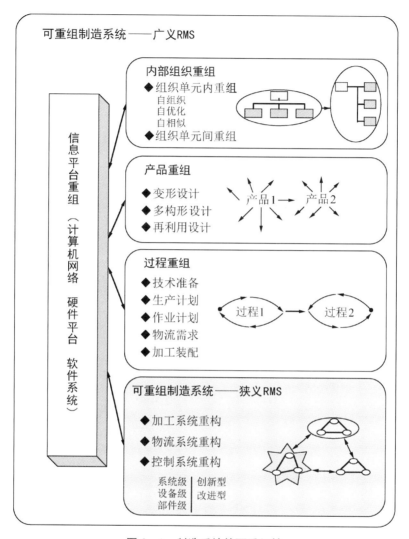

图 2-1　制造系统的可重组性

3. 过程重组

指对制造系统业务过程的功能性活动及由相关活动组成的有机序列进行分析分类、整理和重组,动态改变由系统设备布局、作业计划等确定的人、加工设备等的操作时序及物流路径,[133]其目的主要是将原有的串行业务流程转变为并行业务流程。

4．加工系统重组

指以企业业务为需求适时改变加工系统形态，达到适应新的生产功能和生产能力。主要包括：系统增加、减少和更替加工设备和设备构件（加工中心、制造单元、专业设备、工装等），即物理重组；系统控制软件、物流路线的调整、升级和重新组合，即逻辑重组。

5．信息平台重组

指为保证制造系统的可重组性，构建具有可重组性的由计算机网络、系统硬件平台和软件模块等集成的信息集成平台。

2.1.2 可重组制造系统的定义

本书涉及的可重组制造系统指的是图 2-1 中所示的狭义可重组制造系统。目前，国内外对可重组制造系统的定义各有千秋，其中具有代表性的两种定义如下。

定义 1 由 Y Koren 教授于 1999 年在国际生产工程研究学会（CIRP）上提出的。[5] 该定义为：“可重组制造系统是一种能在同一产品族内快速改变其系统结构、软硬件组件的制造系统，其目的是为了快速调整其生产能力和生产功能以适应快速改变的市场需求。”其特点为：① 将加工对象限定在同一产品族；② 强调系统重组是为了改变生产目的和生产功能；③ 需要加工设备的强有力支持，即需要可重组机床（Reconfigurable machine tool，简称 RMT）。

定义 2 2003 年，国内由宁汝新、梁福军[4] 在定义 1 的基础上进行了修订，对 RMS 的定义为：“可重组制造系统是一种对市场需求变化具有快速响应能力的可重组构形的可变制造系统，该系统能够基于现有自身系统在系统规划和设计的范围内，通过系统构件自身变化和数量增减以及构件之间联系变化等方式动态地改变其构形，从而达到根据发生的变化调整生产过程、生产功能和生产能力，实现短的系统研制周期和

Rump-up 时间、低的重构成本、高的加工质量和经济效益；能够对多个零件族提供定制柔性，同时提供开放型结构。"其特点是：① 加工对象扩展到多个零件族；② 强调重组是由生产过程、生产能力和生产功能的变化驱动的；③ 将重组由设备级扩展到系统级；④ 最大限度地利用原有资源。

定义 2 是根据制造系统新的发展趋势对定义 1 的继承和发展。

2.1.3　可重组制造系统的特点

可重组制造系统具有以下主要特征（表 2-1）：可重组性、模块化、可集成性、可重用性、可定制性、敏捷性、快速诊断性和经济可承受性[4,130,134]。

表 2-1　可重组制造系统特点

特　点	定　　义	说　　明
可重组性	RMS 由一个生产需求期转向下一生产需求期而使所要加工的产品发生变化时，按照一定的规则准确、经济的由一种构形向另一种构形转换的能力	可重组性和模块化是 RMS 的组态（物理布局）特征，体现了 RMS 既集中又分解（分散）的要求
模块化	RMS 的主要系统组元（结构化元件、主轴、控制器、工装、支撑软件）是模块化的。具有通过适当封装后作为整体工作的能力	
可集成性	RMS 中的设备和控制模块等构件具有与其他构件进行集成的标准或通用接口，可组成一个协同工作的整体	可集成性和可重用性是 RMS 适应性的体现，系统可变特指产品需求变化时制造系统快速变更与调整的能力，它体现了系统对内部变化的适应能力
可重用性	在满足相同生产需求下，使用 RMS 比使用传统制造系统更节约成本	
可定制性	RMS 具有柔性定制和控制定制的性能。按零件族产品或产品族进行变化的能力和柔性	可定制性体现了系统对外部变化的适应能力

特　点	定　义	说　明
敏捷性	RMS 提供多样化产品或从旧产品的生产线快速转换到新产品生产线的能力	敏捷性除了包含可变性和定制化的特征外,还体现了快速性的时间特征
快速诊断性	RMS 重组后的产品加工质量和可靠性等进行识别和探测的能力	快速诊断性体现了 RMS 对缺陷和故障的识别要求,是 RMS 的质量保证
经济可承受性	经济上能实现系统变化的能力	经济可承受性是 RMS 的经济保证

由于具备了上述特点,相对于柔性制造系统,可重组制造系统的不同之处是:

● 缩短新制造系统的系统研制时间;对现有制造系统的资源进行重组,形成新的生产能力。

● 投产后,针对产品或产量的变化能快速变化响应市场。

● 最大限度利用原有资源对系统构件进行快速重组、替代、整合及升级,使制造系统适应新产品的生产。

● 基于多个零件族设计,并对同族内的所有零件提供定制柔性。

2.2　理　论　框　架

可重组制造系统的重组包括物理和逻辑两个方面,通过基本构件的快速集成,形成新的构形。系统构件的模块化和开放性保证了系统重新构形的可靠性。可重组制造系统是一个完全开放性的系统,因此,必须依靠相关的基础理论采用相应的使能技术进行持续不断的改进和革新。

可重组制造系统的构件包括加工设备、物流工具、工装、传感器以及新的逻辑控制器算法等。[19]生产要求随着市场千变万化,可重组制造系统利用灵活的重组策略和新的系统使能技术,重新组合构件以适应产品的生产。

图 2-2 表明了可重组制造系统研究涉及的一系列理论问题,以及由这些理论的应用而产生的关键使能技术。可重组制造系统涉及的基础理论研究包括:可重组设计理论、构件集成与整合、可诊断性测度、系统可靠性分析、全生命周期经济性评估、开放式构形原理、控制器构造原理、系统随机建模。上述基础理论以及相应使能技术的实现,使得制造系统的子系统以及构件具有集成性、模块化和可重组性。

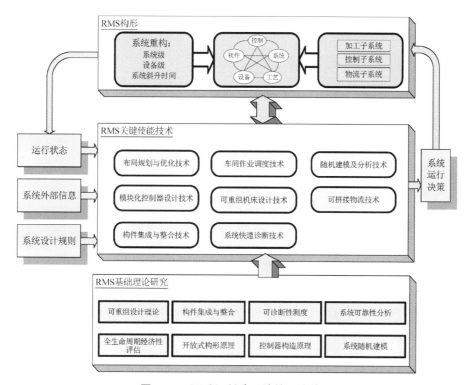

图 2-2　可重组制造系统的理论体系

可重组制造系统根据不同的产品族,在系统设计规划范围内首先进行系统层的重组,系统层的重组决策的实现有赖于设备层的重新构形,系统运行状态的采集以及系统外部信息的变化反馈给系统层以确定系统是否需要重组运行,同时,系统重组过程需采用相应理论和技术减少系统 Rump-up 时间,以实现高的成本经济性。

系统层在设计配置时采用系统可靠性分析、全生命周期经济性评估以及系统随机建模等理论给出各个子系统的详细重组方案并分析系统重组后的系统性能指标,如经济性、可靠性、生产率等。

设备层在设计配置时采用可重组设计理论、构件集成与整合、系统可靠性分析、开放式构形原理、控制器构造原理等理论实现可重组机床、物流设备以及生产辅助设备的可重组设计并开发各种生产资料集成整合的方法。

减少系统 Rump-up 时间可借助可诊断性测度、系统可靠性分析等理论对产品加工质量以及各个阶段故障产生的原因进行辨识和探测,快速发现产品加工缺陷和设备运行故障,有效提高产品质量。

可重组制造系统的结构由可重组控制系统、可重组加工系统以及可重组物流系统三个子系统组成,其结构如图 2-3 所示。

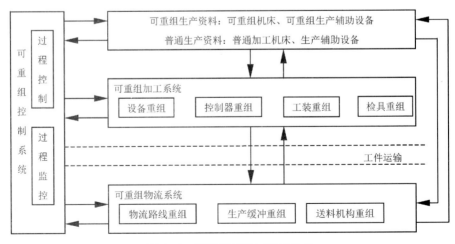

图 2-3　可重组制造系统的结构

可重组控制系统用于迅速响应系统内外部的变化,及时调整系统的物理组成及运行状态,以保证加工系统中不同加工设备、同一加工设备的不同工装、加工系统与物流系统之间自动协调的工作。它基于准确、实时的生产信息以及准确的信息流规划,使系统中的各个子系统间的信息有效、合理地流动,从而保证可重组制造系统功能有条不紊的工作,保证系统的计划、调度、控制及监控等各个功能的顺利实现[135]。

可重组加工系统在可重组控制系统的指导下,根据不同订单,转换为可完成新任务的可重组执行系统,加工系统通过控制系统的信息与物流系统相关联。可重组制造系统对集成的加工设备有一定要求,如可重组机床、模块化夹具和开放式控制器等,这些设备根据控制系统的指令变化可快速重组、调整和运行并与其他子系统集成。

可重组物流系统与加工系统的组态、运行直接相关,主要用于建立加工设备间的联系,其能否高效、合理地工作一定程度上决定着整个可重组制造系统的生产效益。可重组物流系统在硬件上采用模块化,可拼接的硬件运输工具,以提高运输的柔性和转换的灵活性;在软件上要实现物流系统自身以及物流系统与加工系统之间优化调度与实时控制。

2.3　关 键 技 术

可重组制造系统具有高度的复杂性,主要表现为:它不仅涉及工件、机床、物流、控制以及工艺规划等基本数据的管理,而且要进行制订生产计划的混流分批、系统规划、生产线建模、生产资料的重组和重组后系统性能评价等复杂工作,同时还必须按照加工资源与优化目标进行计划调度,并将生产任务传递到控制器,从而完成对控制和管理系统、加工系统、物流系统的控制。

可重组制造系统的设计及集成应遵循以下原则:

原则 1:满足可重组制造系统中组元的模块化、集成化和各系统间的互操作性。

原则 2:可重组制造系统提供的服务应具备可重用、可重组、可扩展性、快速转换性。

原则 3:可重组制造系统自身应具有可诊断性。

原则 4:可重组制造系统的组态变化、组元升级都基于费用最小化。

结合上述原则,从系统设计、系统运行和系统监控三个层面的不同需求点给出可重组制造系统的技术需求及对应的关键使能技术:

(1) 对可重组制造系统进行设计、规划的需求——布局规划与优化技术、系统建模技术、车间作业调度技术。

(2) 对生产资料进行可重组设计的需求——可重组机床设计技术、模块化逻辑控制器技术。

(3) 对可重组制造系统物流实施的需求——可拼接物流技术。

(4) 对可重组制造系统进行过程集成与管理的需求——构件集成和整合技术。

(5) 对可重组制造系统质量监控及诊断的需求——系统快速诊断技术。

图 2-4 表示可重组制造系统的使能技术框架及其相互关系,粗线条框为其关键使能技术。

2.3.1 系统建模技术

RMS 系统建模技术的研究是建立 RMS 系统优化理论的基础,组元的集成规则、组态的重新构形、系统的经济性评估、费用模型等都是建立在系统建模之上的。RMS 的建模方法也就是离散事件动态系统的建模方法,即用一定的方法抽象地建立能够本质和精确地揭示和反映 RMS

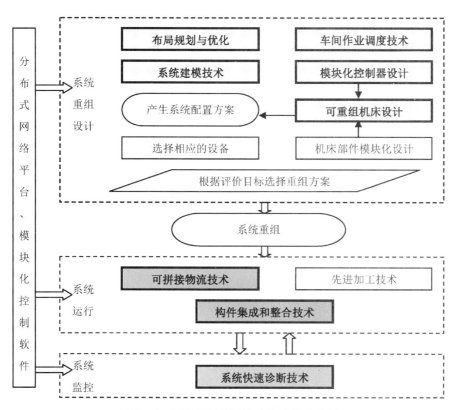

图 2 - 4　可重组制造系统的使能技术框架

内涵的动态随机模型,并描述 RMS 性能与要素之间的关系。该模型可针对市场的不确定性、客户订单的多样性、供应链受偶发因素的干扰性以及制造系统过程中各种不可预知因素的随机性等进行分析、优化和控制。

RMS 的模型分析,在逻辑层面采用的主要数学分析工具包括形式化语言、Petri 网、马可夫链等;而着眼于性能层面上的分析,采用的主要数学分析工具包括排队论、广义半马尔可夫过程等。[56,136]

本书第 3 章采用扩展随机 Petri 网的对可重组制造系统进行建模,并采用行为表达式的分析方法对其进行了性能分析。与文献[71]~文献[76]中的基于 Petri 网的性能分析方法相比,该模型考虑到可重组制造系统生产能力和生产功能可变的本质,采用了不同的 Petri 子网模块对这些特征进行描述,并合成整个系统模型。并对该模型采用行为表达式的分析方法进行性能分析。与其他性能分析方法相比,如文献[73][74]对比,本方法的特点为:不用构造 Petri 网模型的可达图,避免了状态空间爆炸问题;方便得到系统性能的解析关系式,画出系统性能趋势图。本书提出的方法具有模块化、准确度高和方便简捷的特点。

2.3.2 车间作业调度技术

可重组制造系统的生产调度问题是在一定约束条件下,在满足系统并发、共享资源和可选加工路径等特点之外,不仅要解决批量及相应加工排序问题,而且要解决如何对资源进行快速重构,力求获得高的成本经济和设备利用率。

不同于其他制造系统,RMS 的调度模型及其算法要充分利用制造系统的可快速重构这一新的特性。因此,算法在满足一般的产品分批、时序安排等要求外,还要考虑系统重组变化给生产过程带来的影响,并将相关指标作为调度中的某项优化原则予以考虑。当系统部分设备出现故障时能根据实际情况调整零件的加工路线或重组加工设备。

调度方法可同时提供逻辑重组和物理重组的方案,为系统运行提供依据。

本书第4章提出一种基于确定性时间 Petri 网和遗传算法的调度方法。该方法首先建立系统的 Petri 网模型,然后采用该 Petri 网模型的激发序列作为 GA 调度算法的染色体,其他选择、交叉和变异算子均在Petri 网上进行;采用系统重组费用与提前/拖期相结合的优化目标,综合考虑了可重组制造系统中重组费用与准时生产两大优化目标。

与文献[91]～文献[101]中基于 Petri 网的调度方法相比,本书方法结合 Petri 网对可重组制造系统进行建模,可适应快速重构的新特性,通用性强,并且算法收敛速度快。

2.3.3　模块化控制器设计技术

控制器的可重组性是一种在控制系统中集成、升级、替代和重用硬件组元的关键技术。现有工业控制器的软硬件不具有可变结构,不适应可重组制造系统的特点,需要开发一种具有开放式结构、模块化、分布式以及跨平台的控制器,以及与之相适应具有开放性和跨平台的网络平台及数据传输协议。[137]

为了满足可互换性、互操作性以及实时性,需在现有模块化、开放式体系结构控制器的基础上,构建一种适应重组的逻辑控制器。其设计关键是根据机床加工步骤和功能,形成一系列对用户充分透明的包含重组设计方法的接口。所有应用程序对组元的调用都必须通过相应的设计方法进行规范,而且当组元升级时,只需修改接口参数即可。控制器的设计可采用有限状态机(Finite state machine)、Petri 网等方法,当控制器的组元设计完成后,必须保证控制器的逻辑性能,按照一定的重组方案实现各加工控制器的即插即用和无缝连接,模块化控制器设计过程如图 2-5 所示。

本书第5章针对可重组制造系统混流生产的特点,提出一种基于 Petri 网并支持混流生产的可重组模块化逻辑控制器设计方法。可重组模块化逻辑控制器由产品决策逻辑控制器和多个加工设备逻辑控制器组成,每个控制器模块为一个 Petri 子网,不同控制器模块之间的时序关系由施加在 Petri 子网上的内部变量条件保证,而当前生产何种产品则由输入决策变量条件决定。采用本方法构建的可重组逻辑控制器可由 Petri 自身属性保证其是活的、安全和可逆的。

与文献[124]～文献[128]中提到的逻辑控制器形式化分析设计方法相比,采用本书方法构建的可重组逻辑控制器可由 Petri 网自身属性

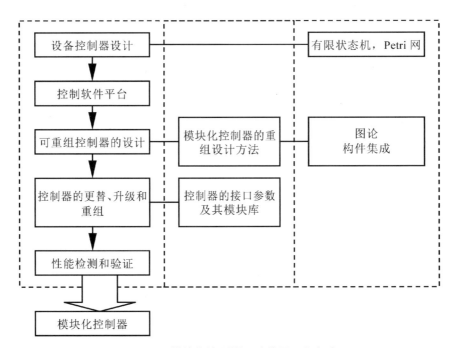

图 2-5   模块化控制器设计的原理和方法

保证其活性、安全性和可逆性。其设计方法不但满足了可重组制造系统混流生产的需求,而且简单、可靠,能自动生成可执行的标准 IEC61161-3 代码用于工业控制。

2.3.4   布局规划与优化技术

目前,所有的制造系统在设计之初就确定了系统既定的布局模式。RMS 的布局规划和优化技术则可以根据不同的要求,对设备布局提供最佳配置,并能实现在可变目标下的优化算法。[36] 具体对不同的设备布局方式,通过系统性能分析方法,针对系统重组后的可扩展性、可转换性、产品产量质量等特征得出基于最小费用的最优配置。[138] 面向模块化的粒度划分和面向分布式组合配置的综合布局规划;强调共性加工模式的发现和提取,灵活的模块化构成和分布式组合布局。

不同的设备布局能产生不同的生产效益。生产设备串行布局可以达到最小的费用,但是系统稳定性低;生产设备并行布局可以提高系统稳定性并可快速增加新功能,但同时费用也增加了;点阵式的生产设备布局[139],同时具有可调整性、耦合性和高效性的特点,较适合 RMS 系统的设备布局。

2.3.5　可重组机床设计技术

为了实现制造系统的可重组性,可重组制造系统必须采用能根据市场变化快速转换机床模块的可重组机床。可重组机床设计除了要考虑普通机床设计中的动力、精度等要求外,更需要考虑如何重组才能适应零件族中零件的现有差异和未来变化。为了满足上述需求,机床的各个模块及其接口必须做到模块化和开放式。目前,在可重组机床的设计和重组过程中采用了零件任务矩阵(Task matrix,简称 TM)、图论、模块的齐次转换矩阵(Homogeneous transformation matrix,简称 HTM)等原理和方法[140],通过使用可以被交换和集成的机械模块、控制模块、液压和电气模块获得可重组机床的模块性和快速适应性。可重组机床设计涉及多个方面,具体包括:可重组机床的模块化部件及辅助设备的设计、可重组机床配置的重组算法设计、可重组机床的模块集成设计、可重组机床的性能评估技术等,其设计和重组过程涉及的原理和方法如图 2 - 6 所示。

2.3.6　可拼接物流技术

目前的物流技术不具备重组性及快速互换性,因而不适合可重组制造系统,一旦增减了加工设备容易造成物流的中断和脱节。可重组制造系统的物流系统采用可拼接的物流技术。可拼接物流技术指每个物流单位都是模块化和相对独立,自身的变化极少影响到上下物流,这样当

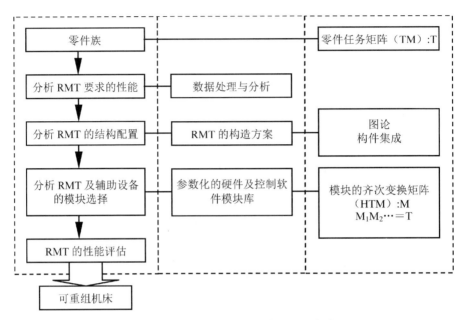

图 2-6 可重组机床设计的原理和方法

增减、移动加工设备时,可快速适应重组后的物流变化。

可拼接物流技术的实现要有模块化的物流规划、灵活的上下料位置和加工工位缓冲,物流控制系统则是实现物流可拼接化与调度优化的关键,最终落实到物流运输路线及其运输工具上。

2.3.7 构件集成和整合技术

构件集成和整合技术主要是针对产品的变化通过不同方式快速重组系统组元从而适应新的生产要求。这项技术是基于组态原理发展起来的,组态原理是一种根据对象的不同而适时改变自身组织形态的理论。构件集成和整合技术的核心就是按照实际情况的变化,依据一定原则和现实的可能性,快速地重新组合出一种更合理的状态,以满足生产的需求。系统组态的变化包括硬件的更替和增减以及软件的调整,软件上的重组可以一定程度上替代硬件变化并取得相同的重组效果。

构件集成和整合技术的实现包括软硬件两个方面,软件上需要开发一种适合灵活多变,快速转换的组态软件,通过该软件可控制、选择、驱动或关闭加工设备的控制系统,实现制造系统的快速配置;硬件上要为加工设备的增减、替换留有必要接口,如空间布置、硬件储备和电气液接口等。

2.3.8　系统快速诊断技术

快速诊断技术是指 RMS 必须在重组后的 Rump-up 时间内(指新建或重组后的制造系统运行开始后达到规划或设计规定的质量、运转时间和成本的过渡时间)以最短的时间达到规定的产品质量;并在系统稳定后的生产周期对产品加工过程中各个阶段故障产生的原因进行快速诊断,其设计原理和过程如图 2-7 所示。

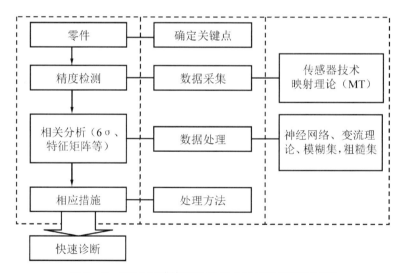

图 2-7　RMS 系统快速诊断技术的设计原理和过程

基于 RMS 全生命周期的快速诊断技术,可快速发现加工缺陷和设备故障,有效提高系统效率,减少 Rump-up 时间和维护时间。

实现快速诊断技术的关键是传感器、数据采集和分析、故障诊断等多项技术的集成和综合,涉及映射理论(Mapping theory)、特征矩阵、智能神经网络、模糊集、粗糙集、变流理论(Stream of variation)等理论的应用,其设计的原理和过程如图 2 - 7 所示。[25,141]

可重组制造系统使能技术是以适应生产功能和生产能力变化为目的,以生产系统(生产线)重构为手段,通过关键技术的集成优化,快速响应生产产品及批量变化的技术体系。

2.4　本章小结

以多品种、变批量的生产方式对制造系统的要求为出发点,对适应这一发展趋势的可重组制造系统的定义、特性和组成进行了描述,提出了可重组制造系统的结构和设计原则,将可重组制造系统的关键使能技术归纳为系统建模技术、车间作业调度技术、模块化控制器技术、布局规划与优化技术、可重组机床设计技术、可拼接物流技术、构件集成和整合技术以及系统快速可诊断技术分别予以详细阐述。

第3章

可重组制造系统建模及性能分析方法

在激烈的市场竞争中,如果制造系统采用固定的生产方式,就无法根据市场订单在时间上的动态变化组合成相应的制造形态进行生产,限制了制造系统的市场响应能力,造成资源的浪费。随着制造业全球化竞争的加剧、用户需求的多样化和产品更新换代的加快,用户期望得到低成本、高质量兼具个性化的产品。可重组制造系统作为变结构复杂制造系统的一种,它强调根据市场订单的变化组织成新的配置方式,通过动态重构来改变自身生产能力和生产功能,从而适应市场的变化。

可重组制造系统建模及性能分析的结果是制造系统设计、规划、评价及调度的基础,为其深入研究提供了重要的理论支撑。可重组制造系统的建模方法是采用抽象的数学方法以精确地反映系统的静态特性、动态特性和随机性,并描述可重组制造系统性能与要素之间的关系,给出定量的系统性能分析。

可重组制造系统是一个复杂的生产过程,对其进行建模与性能分析具有以下难点:① 常用的 Petri 网分析工具可达图,由于存在状态空间爆炸问题从而导致分析困难,需要研究一种可以避免可达图状态空间爆炸的性能分析方法。② 可重组制造系统中既存在固定时延的变迁又存在随机时延的变迁,因此,研究能满足任意分布的可重组制造系统性能分析方法也就成为一个迫切需要解决的问题。③ 同其他的制造系统模型相比，可重组制造系统更注重通过自身构件的变化和重组来适应生产的变化，描述可重组制造系统的模型必须具有高度的重用性，在制造系统发生变化时能够迅速、方便地反映这一变化。

3.1　Petri 网在制造系统中的应用

Petri 网是研究离散事件动态系统强有力的图形化数学工具，尤其适合于顺序、并发、冲突和同步过程的分析[61]。

3.1.1　基本 Petri 网在制造系统中的应用

1. 基本 Petri 网的定义

定义 3.1　基本 Petri 网是一个四元组，[61]

$$PN = (P, T, I, O) \tag{3-1}$$

其中：

$P = \{P_1, P_2, \cdots, P_n\}$ 是库所的有限集合，$n > 0$ 为库所的个数；

$T = \{t_1, t_2, \cdots, t_m\}$ 是变迁的有限集合，$m > 0$ 为变迁的个数；且满足：$P \cap T = \Phi$ 且 $P \cup T \neq \Phi$；

$I: P \times T \to N$ 是输入函数，定义了从 P 到 T 的有向弧的重复数或权的集合，这里 $N = \{0, 1, \cdots\}$ 为非负整数集；

$O: T \times P \to N$ 是输出函数，定义了从 T 到 P 的有向弧的重复数或权的集合。

点火规则：

一变迁 $t \in T$ 在标识 m 下使能，当且仅当：$\forall p \in t: m(p) \geqslant I(p, t)$。

在标识 m 下使能的变迁 t 的激发将产生新标识 m'：

$$\forall p \in P: m'(p) = m(p) - I(p, t) + O(p, t) \qquad (3-2)$$

2. 基本 Petri 网性能

从实际应用的角度,基本 Petri 网的重要特性如下[53,61]：

● 可达性

定义 3.2　若从初始标识 m_0 开始激发一个变迁序列产生标识 m_r，则称 m_r 是从 m_0 可达(Reachable)的。若从 m_0 开始只要激发一个变迁即可产生 m_r，则称 m_r 是从 m_0 立即可达(Immediately reachable)。所有从 m_0 可达的标识的集合称为可达标识集或可达集,记为 $R(m_0)$。

可达性可描述制造系统如下特性：系统按一定的轨迹运行,是否能够实现一定的状态或避免不期望的状态不出现。

● 有界性与安全性

定义 3.3　给定 $PN = (P, T, I, O)$ 以及其可达集 $R(m_0)$,对于库所 $p \in P$,若 $\forall m \in R(m_0): m(p): \leqslant k$,则称 p 是 k 有界的,此处 k 是正整数;若 Petri 网的所有库所都是 k 有界的,则 Petri 网是 k 有界的。

通常库所用于表示制造系统中的工件、工装、运输托盘以及小车等,还可以表示可以利用的资源,有界性可反映系统是否溢出;如库所用于描述某一个操作,则该库所的安全性能够确保不会重复启动某一正在进行的操作。

● 活性

定义 3.4　对于一变迁 $t \in T$,在任一标识 $m \in R$ 下,若存在某一变迁序列 s_r,该变迁序列的激发使得此变迁 t 使能,则称该变迁是活的(live)。若一个 Petri 网的所有变迁都是活的,则该 Petri 网是活的。

死锁(Deadlock)从反面描述 Petri 网的活性。出现死锁的原因是不合理的资源分配策略或某些或全部资源的耗尽。在制造系统中许多公

用的资源是共享的,如果分配不当则导致死锁。

- 可逆性

定义 3.5 一个 Petri 网是可逆的,若对于每一标识 $m \in R(m_0)$, $m_0 \in R(m)$。标识 $m_r \in R(m_0)$ 称为主宿状态,若 $\forall m \in R(m_0)$, m_r 是从 m 可达的。

可逆性意味着模型可以自身初始化。这对于自动从差错中恢复过来极为重要。比如,制造系统中利用机器人自动装配,零件间可能无法配合而出现差错,则希望不要人为干预的情况,就能够从这一差错中恢复。如果一个 Petri 网是可逆网,则意味着自动的从差错中复原是可能的。

- 守衡性

定义 3.6 对于一个 $PN = (P, N, I, O)$,若存在一矢量 $w = (w_1, w_2, \cdots, w_n)^T$ 且 $w_i > 0$, $i = 1, 2, \cdots, n$,使得对于所有 $m \in R(m_0)$: $w^T m = w^T m_0$,则称该 Petri 网对于矢量 w 守衡。

在制造系统中,所占用资源的数量一般都受到经济及其他因素的限制。若托肯表示这些资源,而系统所包含的这些资源的数量是固定的,则尽管系统 Petri 网所处的标识变化,但其包含的托肯数维持不变。实际制造系统中,这种情况很难做到,比如:一损坏的刀具可以从某柔性制造单元中除去,因此可利用的刀具的数目将减 1。

3. 基本 Petri 网性能分析方法

通过 Petri 网对制造系统性能分析一般来说可分为两类:基于可达图(Reachability graph)或可达树(Reachability tree)与基于不变量(Invariant)。前者是较为常用的一种图形分析方法,后者为数学分析方法。

- 可达图

从初始标识 m_0 开始,能够到达 Petri 网所有可能的标识,这些标识通过变迁而关联。将所有标识以及产生这些标识的变迁用一个图形表示，图中的节点为标识，节点之间用表示变迁的带箭头的线或弧连接，带箭头的线起端所连接的标识通过由该线所代表的变迁激发，产生该线末端所连接的标识，这样的图称为可达图。

图 3-1(a)所示的 Petri 网，其初始标识为 $m_0 = (2, 0)$，图 3-1(b)所示是相应的可达图。由 M_0 出发，只有变迁 t_1 可被激发，t_1 激发后，得到 $M_1 = (1, 1)$。在 M_1 的情况下，两个变迁均使能。若 t_1 激发得 $M_2 = (0, 2)$；若 t_2 激发，则可得 $M_3 = (0, 1)$。图 3-1(b)给出全部可达标识及其间所有的激发变迁。从该可达图可以看出，它是有界、死锁的、不可逆的。

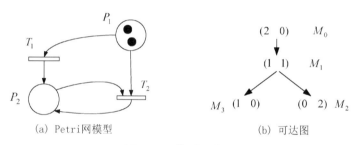

(a) Petri 网模型　　　　　(b) 可达图

图 3-1　模型可达图

- 状态迁移方程和不变量的分析

基于不变量的分析属于矩阵线性代数，该方法的优势是依据简单的线性代数方法，就能正规地确定 Petri 网性能。不变量分析分为 P 不变量和 T 不变量分析。本论文未采用该方法进行讨论，故不详细介绍，请见参考文献[53][61]。

4. 基于基本 Petri 网的制造系统性能分析

利用基本 Petri 网分析一个制造系统的性能可采用如下步骤：

(1) 确定系统的所有资源；

(2) 确定与各资源有关活动(操作)及其先后顺序并建立其子模型；

（3）根据各资源之间的关系，合并所有子模型，得到系统模型；

（4）利用定义 3.2～3.6 分析系统是否活性、有界和可逆。

利用基本 Petri 网可以分析制造系统的逻辑结构如活性、可达性、有界性等系统基本特性。

3.1.2　随机 Petri 网在制造系统中的应用

对于制造系统这样的人造系统而言，要求其功能与性能均要满足设计要求。仅仅分析系统的功能与行为，如可达性、活性等并不能满足对性能方面的定量分析需求。设备利用率、生产率这样的系统指标是设计和运行制造系统必须关注的要素，因此，人们将时间概念引入到基本 Petri 网，得到确定时间 Petri 网（Deterministic timed Petri nets，简称 DTPN）。将 DTPN 中与变迁关联的时间设为随机（服从一定的概率分布），则得到随机 Petri 网（Stochastic Petri nets，简称 SPN）。

在 SPN 中，一个变迁从可实施到实施需要延时，即变迁 t 变成可实施的时刻到它实施时刻之间被看成一个随机变量且服从一个指数分布函数。SPN 的可达图同构于齐次马尔可夫随机过程。随着制造单元越来越复杂，其 Petri 网的状态空间呈指数增长，系统模型随着复杂度的增加呈指数增长，使得同构的齐次马尔可夫过程难以求解。为此，在 SPN 的基础上，产生了广义随机 Petri 网（Generalized stochastic Petri nets，简称 GSPN）。GSPN 将变迁分为瞬时变迁和时间变迁，可有效地降低状态空间的数量。由于减少了过于庞大的马尔可夫链问题，GSPN 得到了广泛地使用[74]。

1. 广义随机 Petri 网的定义

GSPN 是个六元组，其定义如下[74]：

$$GSPN = (S, T, F, W, M_0, \lambda) \tag{3-3}$$

其中：

$(S, T; F, W, M_0)$ 是一个 P/T 系统。

$S = \{s_1, s_2, \cdots, s_m\}$，是所有位置的集合。

$T = \{t_1, t_2, \cdots, t_n\}$，是所有变迁的集合，且 $S \bigcup T \neq \Phi, S \bigcap T = \Phi$，$T$ 划分为两个子集，时间变迁集 T_1 和瞬时变迁集 T_2，$T = T_1 \bigcup T_2$，$T_1 \bigcap T_2 = \Phi$。

$F: (S \times T) \rightarrow N^+$，是输入函数，描述从库所指向变迁的有向弧，$F$ 中允许有禁止弧。

$W: (T \times S) \rightarrow N^+$，是输出函数，描述从变迁指向库所的有向弧。

$M_0: S \rightarrow N^+$，是全体初始标识的集合。

$\lambda = \{\lambda_1, \lambda_2, \cdots, \lambda_m\}$，是变迁平均实施速率的集合，每一个 λ_i 的值是从对所模拟系统的实际测量中获得的或根据某种要求的预测值，$\tau_i = 1/\lambda_i$ 称为变迁 t_i 的平均实施延时。

在一个标识 M 下，由若干个变迁构成一个可实施的变迁集合 H，则：

（1）如果 H 全部由时间变迁组成，则 H 中任一时间 $t_i \in H$ 实施的概率为：$\lambda_i \Big/ \sum_{t_k \in H} \lambda_k$。

（2）如果 H 包含若干瞬时变迁和时间变迁，只有瞬时变迁能实施。而选择哪个瞬时变迁要根据一个概率分布函数。

2. 广义随机 Petri 网的性能分析

GSPN 除了具备基本 Petri 网的性能，其最大的优势就是通过求解等效的马尔可夫链可以得到稳定概率。再通过稳定概率求出系统的性能，如托肯的期望值、平均激发次数、平均生产率等。

3. 基于广义随机 Petri 网的可重组制造系统性能分析

基于广义随机 Petri 网的可重组制造系统性能分析步骤

如下[142,143]：

（1）建立 GSPN 模型

根据系统实际物理配置，给出相应加工设备 GSPN 模块，并结合运输设备模块和仓储设备模块建立完整的可重组制造系统 GSPN 模型。

（2）构造同构马尔可夫链

计算可达图并确定模型是活性和有界的，将模型中的每一弧都给定所对应变迁的激发率，从而得到马尔可夫链。将所有标识记为 m_0，m_1，…，m_{n-1}，n 为状态总数。每个状态都表明了库所的资源情况，如是否有产品在加工，有原料等待运输或加工设备空闲等。

（3）求约简后的马尔可夫链的转移概率矩阵

上述 GSPN 模型的状态集 S 分为实存状态 T 和消失状态 V，$S = T \bigcup V$，$T \bigcap V = \phi$。其数量为 $K_s = K_t + K_v$。在分析可重组制造系统的状态时，一般将用时很少的环节视为消失状态，将设备加工过程、材料装卸过程以及制造单元重组过程等用时较长的环节视为实存状态。这种近似的处理方法能有效地减少复杂系统的状态空间。

上述马尔可夫链转移概率矩阵：

$$U = F + EG^{\infty} \tag{3-4}$$

其中，F 表示 U 中实存状态向实存状态集的转移概率，E 表示 U 中的实存状态向消失状态集的转移概率，G^{∞} 中的元素 $g_{ij} = P_r\{r \to j\}$ 表示从给定的消失状态 r 出发经过任意步首次到达实存状态 j 的概率。

● 求与步数相关的实存状态稳定概率分布

求解线性方程组：

$$Y = YU \tag{3-5}$$

其中，Y 为实存状态的稳定概率分布。

● 求稳定状态概率

选择约简后的马尔可夫链的一个状态 i 做参考状态,则连续访问状态 i 直接访问 j 的次数为:

$$V_{ij} = Y_j/Y_i \qquad\qquad (3-6)$$

每个状态的驻留时间为:

$$ST_i = \begin{cases} 0 & \forall i \in V \\ \left[\displaystyle\sum_{f \in H_i} r_f\right]^{-1} & \forall j \in T \end{cases} \qquad (3-7)$$

返回参考状态的平均周期为:

$$W_i = \sum_{j \in T} V_{ij} ST_j \qquad\qquad (3-8)$$

GSPN 的稳定状态概率最终表示成:

$$P_j = \begin{cases} 0 & j \in V \\ V_{ij} ST_j/W & j \in T \end{cases} \qquad (3-9)$$

● 分析系统性能

求得稳定概率 P_j 后,根据 GSPN 描述单元所要求的性能进行计算。比如,在制造系统性能分析中常用的生产能力、机器的平均利用率以及针对可重组性能分析的产品混流能力等。

3.2　基于 ESPN 的可重组制造系统建模与性能分析方法

可重组生产线有 n 道工位,各工位流水线布置。可以根据实际需要对生产线的加工设备进行了可重组配置：① 对于瓶颈工位增加了可移动生产设备，改变生产能力；② 根据不同产品的转产需要，可快速改变加工设备的硬构件，实现生产功能的变化；③ 该生产线可支持不同产品的混流生产。

因此，需要建立可重组生产线的 DEDS 模型，分析可移动生产设备台数、构件重组的 Rump-up 时间、不同产品的混流比等参数对可重组生产线性能的影响，得到不同参数情况下系统的平均生产率、瓶颈工位的机器利用率等一系列性能指标，为可重组生产线的规划设计、资源配置、优化调度等提供理论支撑。

但是，可重组制造系统内部既有固定节拍的设备加工时间、工件运输时间，又有随机产生的设备故障、构件重组等一系列影响因素，而这种系统结构的不确定性变化带来了系统要素之间复杂的耦合关系，使得目前常用的各种 Petri 网建模及其分析方法不能适应在无法预料系统的变化范围情况下，根据对象的随机变化相应地重构描述系统，建立系统模型，并给出满足此类包含任意分布 Petri 网模型的定量性能分析方法，而且要避免可达图状态空间爆炸问题。因此，有必要研究适合可重组特性的随机 Petri 网建模技术及满足任意分布的系统性能分析方法。为支持可重组制造系统的建模并充分描述制造系统存在任意分布的随机变量的特点，在 SPN 的基础上引出一种扩展随机 Petri 网（Extend stochastic Petri nets，简称 ESPN）。

下面将就 ESPN 的概念、可重组制造系统模型的建立以及系统性能分析方法展开详细的阐述。

3.2.1　ESPN 的定义

ESPN 的特点是时间变迁对应一个任意分布的随机变量。其定义如下：[76]

ESPN 是一个七元组：

$$N = (P, T, I, O, H, m, F) \qquad (3-10)$$

其中：

$P = \{ p_1, p_2, \cdots, p_n \}, n > 0$,是有限的库所集合；

$T = \{ t_1, t_2, \cdots, t_s \}, s > 0$,是有限的变迁集合,满足 $P \bigcup T \neq \Phi$ 且 $P \bigcap T = \Phi$；

$I: P \times T \rightarrow N$,是一个输入函数,其中 $N = \{0, 1, 2, \cdots\}$；

$O: P \times T \rightarrow N$,是一个输出函数；

$H: P \times T \rightarrow N$,是一个抑制函数；

$m: P \rightarrow N$,是一个标识,标识中的第 i 分量是第 i 个库所的托肯数, 其初始标识记为 m_0；

$F: T \rightarrow R$,是一个向量,向量的分量对应扩展分布的点火时延。

点火规则：

① 在标识 m 中,变迁 $t \in T$ 被使能,当且仅当：$\forall p \in P, t \in T$, $m(p) \geqslant I(p, t)$ 并且如果 $H(p, t) \neq 0, m(p) < H(p, t)$；

② 若 $t \in T$ 在标识 m 下被使能,按照如下激活规则产生新标识 m'： $m'(p_i) = m(p_i) + O(p_i, t) - I(p_i, t), t = 1, 2, 3, \cdots, n$。

ESPN 的突出特点是允许存在任意分布的时间变迁。时间分布若均为指数分布,则 ESPN 就可以转换为马尔可夫链；若为确定性时间分布,则 ESPN 可转换成离散时间马尔可夫链。

3.2.2　基于 ESPN 的可重组制造系统建模方法

与普通的 FMS 相比,RMS 设备层最大的不同在于：① 增加了可移动加工设备；② 增加了可换构件。其目的是以最小的系统冗余度为代价,做到能及时调整瓶颈工位的生产能力和系统生产功能。RMS 系统层面不同于 FMS 之处是：RMS 具有可重构性、模块化、可定制性、可转换性[142]，可以通过构件之间的联系变化，形成新的变形系统。

基于 ESPN 的可重组制造系统建模方法为：首先对可重组制造系统的各种不同资源进行分类；然后根据不同的分类建立相应的 Petri 网子网，实际加工过程被 ESPN 中的任意分布时间变迁或者库所所描述；根据加工过程异步并发的实际情况，进一步确定将不同的 Petri 网子网按一定的控制方式组合成系统模型的过渡变迁；最后建立整个系统的完整 ESPN 模型。

上述基于 ESPN 的可重组制造系统建模方法，采用自底向上模块化的方法建立基于 ESPN 的系统随机动态模型，能很好地适应可重组制造系统动态变化的结构，它不同于 FMS 建模方法的特点为：

（1）给定变迁的激发速率与托肯数之间的函数关系，根据不同的托肯数变化就可以确定变迁的不同激发速率，从而对应实际加工过程中可移动加工设备的加工情况。

（2）利用不同变迁的激发对应了不同构件的选择，形成可变结构加工设备，变迁的激发速率对应于不同构件的加工过程。同时，也可以描述不同构件之间的联系变化。

可重组制造系统的自底向上的模块化建模方法具体可分为如下几个详细过程。

1. 可重组制造系统的不同资源进行分类

一般来说，制造系统主要分为以下三大模块：

● 加工设备模块　加工设备包括可重组加工机床、NC、加工中心、可重组构件等；

● 运输设备模块　运输设备包括小车、托盘、传送带、运输机器人等；

● 仓储设备模块　仓储类设备用于原料和零件的存储，如缓冲、堆放区、仓库等。

2. 不同资源的子网描述

制造系统中的各种资源及其关系可以被描述成 Petri 网中的库所、变迁及其相应的活动。加工过程的活动和状态的不确定时间被 ESPN 中带有任意分布时间的库所或变迁所描述,如一种产品在制造系统中某一工序的加工时间是确定的、原材料到达时间是符合负指数分布的等。这种描述极大地提高了系统对真实情况的模拟能力。不同产品由于加工工艺的区别需要制造单元进行重组,即不同资源的再次组织。可重组制造系统主要由以下几个模块组成:加工设备模块、运输设备模块以及存储设备模块。

制造系统的物理重组来自不同资源的增加、联系变化及资源自身构件的变化。针对不同的重组加工模式,加工资源可分成三种模块。

● 普通加工模块

指该工序的加工设备由一台或一组固定加工设备组成,该设备的软硬件不可更改,不具有重组特征。ESPN 的表达模块及含义如图 3-2 和表 3-1 所示。图中方框表示时延变迁,粗线表示瞬时变迁。根据 Petri 网简化规则(详细简化规则参见文献[61]),图 3-2 所示模块也可简化等同为一个时延变迁。

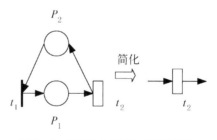

图 3-2　普通加工工位 ESPN 模块

表 3-1　图 3-2 模型的变迁及库所含义

名称	含　义	名称	含　义
P_1	加工设备启用并准备开始加工	t_1	原材料达到加工设备缓冲
P_2	加工设备处于空闲状态	t_2	加工设备加工零件

● 可移动设备模块

指该工序的加工设备由普通加工设备加上可移动的冗余设备组成。该工序一般为生产线的瓶颈工位,移动设备由于具有了可移动和调整的

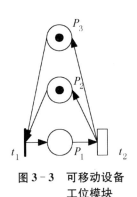

图 3 - 3　可移动设备
工位模块

功能,能通过设备的增减来改变瓶颈工位的加工能力和生产节拍。ESPN 的表达模块及含义如图 3 - 3 和表 3 - 2 所示。可移动加工设备(图 3 - 3 中的 P_3 的托肯数量)的数量视生产系统的需求而定,如需要增加两台加工设备,则 P_3 的托肯数为 2。t_2 的激发速率和该工序加工设备台数成线性比例关系,如增加两台加工设备后,t_2 的激发速率＝单台加工设备激发速率/3。

表 3 - 2　图 3 - 3 模型的变迁及库所含义

名称	含　　义	名称	含　　义
P_1	所需加工设备启用并准备开始加工	t_1	原材料达到加工设备缓冲
P_2	加工设备处于空闲状态	t_2	该工位加工设备加工零件
P_3	可移动加工设备处于空闲状态		

● 可变结构设备模块

指该工序的加工设备含有部分更换构件,可以通过更换机床构件来适应另一类特征的零件加工。ESPN 的表达模块及含义如图 3 - 4 和表 3 - 3 所示。若产品加工需更换加工设备的构件,则激发 t_1,设备调整完毕激发 t_5;不需要更换加工设备的构件则激发 t_2。

● 运输设备模块

运输模块相对应的 ESPN 模型如图 3 - 5 和表 3 - 4 所示。其中 P_2 库所包含的托肯数量表示共有多少可以使用的运输小车。

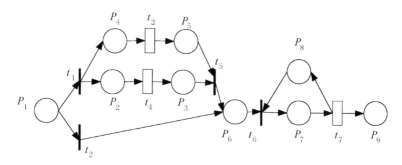

图 3－4　可变结构设备工位模块

表 3－3　图 3－4 模型的变迁及库所含义

名称	含　义	名称	含　义
P_1	是否需要使用新构件	P_9	零件加工完毕至输出缓冲
P_2	加工程序准备完毕	t_1	确认加工设备需更换构件
P_3	加工程序上载到加工设备完毕	t_2	确认加工设备无需更换构件
P_4	替换构件准备	t_3	替换构件安装到加工设备
P_5	替换构件安装到加工设备完毕	t_4	加工程序上载到加工设备
P_6	该工序输入缓冲	t_5	加工设备调整完待加工
P_7	加工设备启用并准备开始加工	t_6	原材料达到加工设备缓冲
P_8	加工设备处于空闲状态	t_7	加工设备加工零件

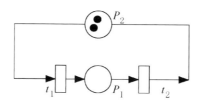

图 3－5　运输设备模块

表 3－4　图 3－5 模型的变迁及库所含义

名称	含　义	名称	含　义
P_1	运输设备处于工作状态	t_1	原材料达到运输设备
P_2	运输设备处于空闲状态	t_2	运输设备工作完毕

● 仓储设备模块

存储原料和零件以及提取原料和零件,其相对应的 ESPN 模型类似图 3-5 和表 3-4 所示。

3. 确定过渡变迁

根据系统真实同步、并发等情况定义系统各个模块之间的过渡变迁。过渡变迁将可重组制造系统中各个功能模块的 ESPN 模型按一定的控制方式合成一个完整的 ESPN 模型,它确定了制造系统之间的协作和竞争关系。部分过渡变迁由于不存在冲突情况,可以由 ESPN 模型的自身行为确定。另一部分过渡变迁由于制造过程的随机性和变化性,使得各个制造过程在制造系统内各资源的利用存在着竞争,因此需要系统建立决策机制。如多个过渡变迁具有相同的输入库所,则必须确定是哪个输入库所触发过渡变迁;过渡变迁的输入库所中托肯数量多于变迁所需要的托肯数量,则必须确定是哪个托肯触发过渡变迁;相同的过渡变迁可由不同的输入库所触发,则必须确定是哪个输入库所触发过渡变迁。

4. 建立系统模型

对给定系统的资源进行分类并给出各个模块的 ESPN 描述,确定重组加工过程,用过渡变迁将可重组制造系统中的各个模块连接起来,建立整个系统的 ESPN 模型。

3.2.3 基于行为表达式的可重组制造系统分析方法

ESPN 可以分析与 Petri 网相同的逻辑结构和性能指标,但是如果采用可达图的分析方法将会导致状态空间爆炸的问题。为避免系统可达图爆炸,本书引入了基于行为表达式的分析方法。

制造系统 Petri 网模型的行为表达式反映了制造系统的产品加工过程。根据行为表达式可以求得 Petri 网的传递函数,从而可以利用矩母函数思想,实现对扩展随机 Petri 网的性能分析。

1. 矩母函数与传递函数

定义 3.7[76,144]　设 x 是一个随机变量,则 e^{sx} 的期望值称为 x 的矩母函数,记为 $MGF(s) = E(e^{sx})$(x 为实变数)。

若 x 为离散变量,具有概率分布函数 $p(x_i) = P(X = x_i)$,$i = 1$,$2, \cdots$,则矩母函数 $MGF(s) = \sum_{i=1}^{\infty} e^{sx_i} p(x_i)$。

若 x 为连续随机变量,且概率密度函数为 $f(x)$,则 x 的矩母函数 $MGF(s) = \int_{-\infty}^{+\infty} e^{sx} f(x) dx$。

定义 3.8[76,144]　在一个任意分布的随机 Petri 网中,对于 $M \in R(M_0)$,$t \in T$,令 $W_t(s) = p_{M,t} MGF_{M,t}(s)$,则 $W_t(s)$ 为 t 在 M 下的传递函数。其中 $p_{M,t}$ 为 M 下 t 被引发的概率,$MGF_{M,t}(s)$ 为 M 下 t 的矩母函数。

2. 基于行为表达式的分析方法

一个行为表达式或者是一个复合式,或者是一个幂级式。它可以描述有界 Petri 网,或者某些无界 Petri 网(表达式存在的 Petri 网)。根据表达式并借助下面几个定理,可以求得 Petri 网的传递函数 W,再利用矩母函数的相关分析方法便可对任意分布的随机 Petri 网进行品质分析[144]。

定理 3.1　设 α 是一个单项式,$\alpha = t_1, t_2, \cdots, t_q$,则 $W_\alpha(s) = \prod_{i=1}^{q} W_{t_i}(s)$。

定理 3.2　设 α 是一个标准多项式,$\alpha = \alpha_1 + \alpha_2 +, \cdots, + \alpha_n$,则 $W(s) = \sum_{i=1}^{n} W_{\alpha_i}(s)$。

定理 3.3　设 $\alpha = (\alpha)^*$,则 $W_\alpha(s) = \dfrac{1}{1 - W_\alpha(s)}$。

3. 基于 ESPN 的可重组制造系统模型的分析方法及其步骤

基于行为表达式的分析方法一般为：建立系统的 Petri 网模型、给出系统的行为表达式、计算行为表达式的传递函数以及采用矩母函数相关方法进行性能指标的计算。对应到可重组制造系统的 ESPN 模型分析,具体步骤如下:

(1) 建立 ESPN 模型

给出不同加工设备的 ESPN 模块,并结合运输设备模块和仓储设备模块建立完整的可重组制造系统 ESPN 模型。

(2) 构造系统行为表达式

产生系统的行为表达式,并将多项式化为标准多项式形式。系统的行为表达式对应了机械加工开始到加工结束的全部过程。

(3) 求传递函数

根据所给的分布参数以及行为表达式结构,求出各事件的引发概率及其矩母函数,再根据传递函数定义得到各事件的传递函数。表达式中不同位置的同一事件的引发概率可能不一样。

(4) 重新标号行为表达式

根据第三步的计算结果,为行为表达式重新标号,以区别表示式中具有不同传递函数的同一事件。如图 3-4 中由于上载加工程序与安装新构件存在并发性,替换构件安装到加工设备这个一事件(t_3)在上载加工程序(t_4)的前或后发生分别对应了不同的传递函数。

(5) 重新计算传递函数

根据 3.2.3 节定理 3.1~3.3 计算标号后的行为表达式的传递函数。

(6) 计算系统性能

基于前面的结果和矩母函数的有关方法进行各性能指标的计算,从而获得系统的定量分析结果。更重要的是,采用基于行为表达式的分析方法得到的是关于不同变量之间的函数关系,这为系统性能分析提供了很大的便利。

3.3　性能分析方法的比较研究

3.3.1　问题描述

以一条可重组电机生产线的实际生产过程为例,通过建模分析在不同机器配置及重组情况下,得到不同生产情况下系统的平均生产率、瓶颈工位的机器利用率等一系列系统指标。

电机转子生产线共八道工位,各工位流水线布置,其中瓶颈工位为绕线工位,电枢检测工位需要根据不同的产品进行加工设备构件重组以适应生产。根据实际需要对生产线的加工设备进行了可重组配置: ① 增加了可移动绕线机,可改变生产能力;② 检测设备进行了模块化构件设计可根据不同产品的转产需要,快速改变加工设备的硬构件,实现生产功能的变化。该生产线可根据不同产品的转产需要,快速改变加工设备的构件,实现产品的快速转产。

由 3.1.1 节可知,基本 Petri 网不能对制造系统进行定量分析。因此,下面分别采用 ESPN 和行为表达式的可重组制造系统建模及分析方法和基于 GSPN 的可重组制造系统建模及分析方法对实际算例进行分析和计算,并通过两者的比较说明基于 ESPN 和行为表达式的可重组制造系统建模及性能分析方法的优越性。

3.3.2　基于 ESPN 和行为表达式的可重组制造系统建模及性能分析

制造系统重组生产方式与其他混流生产方式(如:基于精益生产的"拉式"混流生产方式)相比,不同之处在于:前者的重组主要包括了物理构件重组,系统重组依赖于具有可重组功能的设备支持;后者是通过生产管理流程的变化实现不同产品的混流生产。可重组制造系统建模及性能分析步骤如下。

1. 建立 ESPN 模型

设电机转子生产线的 8 道工位缓冲及存储输入输出能力足够大。当原材料空闲,由运输设备将其从存储缓冲区送至第一道加工工位,如加工设备处于空闲状态则开始加工工件,加工结束后,如输出缓冲空闲,输送至输出缓冲由运输设备运送到下一个工位,等待被加工,运输工具采用小车,每台小车为 320 个汽车电机。该生产线的 ESPN 模型如图 3-6 所示,各变迁含义及特性见表 3-5。

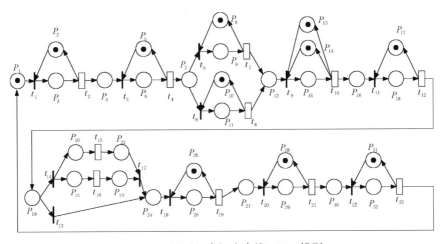

图 3-6　可重组电机生产线 ESPN 模型

模型中主要变量的定义:

● θ 为不同产品的混流比。第三道工位中由于要加工产品的不同,使用的加工设备不同(分别为插绝缘机和涂敷机)。θ 为原材料分配给插绝缘机(即 t_5)概率,相应的分配给涂敷机(即 t_6)概率为 $(1-\theta)$。

● x 为瓶颈工位的加工周期,单台设备加工为 x,加上一台可移动加工设备加工周期变为 $x/2$,加上两台可移动加工设备则加工周期变为

表 3-5　图 3-6 中各变迁的特性说明

变迁	含　义	时间▲（h）	类型
t_1	第一道工位加工缓冲收到原材料	—	瞬时
t_2	第一道工位加工零件	1.5	时延
t_3	第二道工位加工缓冲收到原材料	—	瞬时
t_4	第三道工位加工零件	0.7	时延
$t_5^{\cdot}$	第三道工位插绝缘机加工缓冲收到原材料	—	瞬时
$t_6^{\cdot}$	第三道工位涂敷机加工缓冲收到原材料	—	瞬时
t_7	第三道插绝缘机加工零件	0.6	时延
t_8	第三道涂敷机加工零件	1.2	时延
t_9	第四道工位加工缓冲收到原材料	—	瞬时
t_{10}	第四道工位加工零件	x	时延
t_{11}	第五道工位加工缓冲收到原材料	—	瞬时
t_{12}	第五道工位加工零件	0.8	时延
t_{13}^{*}	确认加工设备无需更换构件	—	瞬时
t_{14}^{*}	确认加工设备需更换构件	—	瞬时
t_{15}	替换构件安装到加工设备	β	负指数
t_{16}	加工程序上载到加工设备	0.000 6	负指数
t_{17}	加工设备调整完待加工	—	瞬时
t_{18}	第六道工位加工缓冲收到原材料	—	瞬时
t_{19}	第六道工位加工零件	0.8	时延
t_{20}	第七道工位加工缓冲收到原材料	—	瞬时
t_{21}	第七道工位加工零件	1.1	时延
t_{22}	第八道工位加工缓冲收到原材料	—	瞬时
t_{23}	第八道工位加工零件	0.4	时延

注：▲加工变迁的时间为每辆运输小车上所有零件的加工时间；
　　＊按工厂实际情况测得：t_{14} 激发概率为 1/5，t_{13} 的激发概率为 4/5；
　　●设 t_5 激发概率为 θ，t_6 的激发概率为 $1-\theta$

$x/3$,以此类推。

● β 为第六道工位中加工设备需要调整内部构件实现重构的平均 Rump-up 时间。该 Rump-up 时间经实际测量符合负指数分布。

模型中的各工位加工时间及相关参数由实际生产过程测得[145]。

2. 基于行为表达式的计算

利用 Petri 网的简化原则(图 3-2),按照 ESPN 的基于行为表达式的分析方法,得到总的周期表达式为:

$$\alpha = t_2 t_4 (t_7 + t_8) t_{10} t_{12} (t_{14} (t_{15} t_{16} + t'_{16} t'_{15}) t_{17} + t_{13}) t_{19} t_{21} t_{23}$$

$$(3-11)$$

该行为表达式代表了一个电机从进入生产线开始加工一直到加工完最后一道工序的全部过程。式(3-11)中的传递函数为:

$W_{t_2}(s) = e^{1.5s}$;

$W_{t_4}(s) = e^{0.7s}$;

$W_{t_7}(s) = e^{0.6s} \times \theta$;

$W_{t_8}(s) = e^{1.2s} \times (1-\theta)$;

$W_{t_{10}}(s) = e^{sx}$;

$W_{t_{12}}(s) = e^{0.8s}$;

$W_{t_{14}}(s) = 1 \times 1/5 = 1/5$;

$W_{t_{15}}(s) = \dfrac{\lambda_{15}}{\lambda_{15}+\lambda_{16}-s} = \dfrac{1/\beta}{1/\beta+1\,800-s} = \dfrac{1}{1+1\,800\beta-\beta s}$;

$W_{t_{16}}(s) = \dfrac{\lambda_{16}}{\lambda_{16}-s} = \dfrac{1\,800}{1\,800-s}$;

$W'_{t_{16}}(s) = \dfrac{\lambda_{16}}{\lambda_{15}+\lambda_{16}-s} = \dfrac{1\,800}{1\,800+\dfrac{1}{\beta}-s} = \dfrac{1\,800\beta}{1\,800\beta+1-\beta s}$

$$W'_{t_{15}}(s) = \frac{\lambda_{15}}{\lambda_{15} - s} = \frac{1/\beta}{1/\beta - s} = \frac{1}{1 - \beta s};$$

$$W_{t_{17}}(s) = 1;$$

$$W_{t_{13}}(s) = \frac{4}{5} \times 1 = \frac{4}{5};$$

$$W_{t_{19}}(s) = e^{0.8s};$$

$$W_{t_{21}}(s) = e^{1.1s};$$

$$W_{t_{23}}(s) = e^{0.4s};$$

根据定理 3.1 ～ 3.3 计算 α 的传递函数：$W_\alpha(s) = e^{1.3s}e^{0.7s}(\theta e^{0.6s} + (1-\theta)e^{1.2s})e^{sx}e^{0.8s}(1/5((1/(1+1\,800\beta - \beta\theta))(1\,800/(1\,800 - s))) + (1\,800\beta/(1+1\,800\beta - \beta\theta))(1/(1 - \beta\theta)) + 4/5)e^{0.8s}e^{1.1s}e^{0.4s}$。

可得到完成一个产品的生产周期为：

$$\begin{aligned}
T = \frac{\partial}{\partial s}W_\alpha(s)\mid_{s=0} &= (6.5 - 0.6\theta + x) \\
&+ ((360\beta/(1+1\,800\beta)^2)((1/1\,800) + \beta) \\
&+ (360/(1+1\,800\beta)^2)(1/1\,800^2 + \beta^2))。
\end{aligned} \tag{3-12}$$

由式(3-12)可知生产周期是关于 θ, x, β 的一个函数。得到这个函数后，就可以根据具体的系统性能指标进行性能分析。

3. 系统性能分析

基于上述生产周期函数，可以得到以下性能指标：

● 稳定概率

稳定概率表明了生产过程中处于某一状态的概率。在可重组生产线中，最受关注的是系统处在瓶颈工位加工状态的稳定概率(图 3-7)与系统处在可重组调整状态(Rump-up 时间)的稳定概率(图 3-8)。

零件的生产周期中，为考察瓶颈工位 t_{10} 对生产过程的影响，令

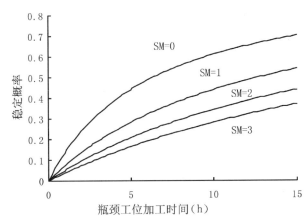

图 3-7 瓶颈工位加工状态的稳定概率

注：SM 表示可移动加工设备

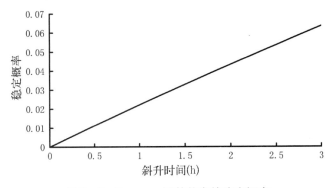

图 3-8 Rump-up 调整状态的稳定概率

$W_i(s)$ 中的 $s=0$，其中 i 是除 t_{10} 之外的所有时间变迁，从而得到该状态的传递函数 $W_a(s)=e^{sx}$，因此，$T_{10}=\dfrac{\partial}{\partial x}W_a(s)\mid_{s=0}=x$；则处于瓶颈工位加工状态的稳定概率是 $P=\dfrac{T_{10}}{T}$。按生产实际情况，以 x 为变量，式 3-12 中 β,θ 参数分别取 $\theta=0.6$，$\beta=1$，得到瓶颈工位加工状态的稳定概率（图 3-7）。同理，系统处在 Rump-up 调整状态的稳定概率（图 3-8）。

● 生产率

生产率是衡量一个生产过程是否高效的标准。可重组制造系统中，影响系统生产率的因素除了制造系统常见的瓶颈工位加工时间外，还包括可移动加工设备的台数对生产率的影响、系统 Rump-up 时间对生产率以及混流比对生产率的影响程度。这三项标准既是判断可重组制造系统效率的标准之一，也为规划、配置可重组制造系统提供基础数据。

① 可移动加工设备对生产率的影响

式(3-12)中，取 $\theta = 0.6$，$\beta = 1$，可得 $T = 6.34 + x$。图 3-9 表明可移动加工设备和生产率的关系。

由图 3-9 可知，随着可移动加工设备的增加，生产率得到明显的提高；但是，当可移动加工设备的引入有效地消除了瓶颈工位对生产的制约，则生产率的提高将是有限的，并且接近一个上限。

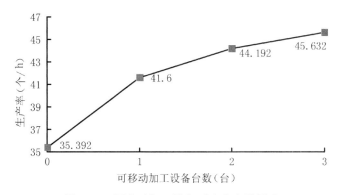

图 3-9　可移动加工设备对生产率的影响

注：实际生产过程中，当可移动加工设备为 1 台时，生产率为 41，与图中计算结果基本吻合。实际生产率因废品、人员等因素要比计算值略低。

② 瓶颈工位加工节拍对生产率的影响

式(3-12)中，取 $\theta = 0.6$，$\beta = 1$，可得 $T = 6.34 + \dfrac{x}{n+1}$（$n$ 是可移动加工设备台数）。图 3-10 表明瓶颈工位加工节拍和生产率的关系，由

图 3-10 可知,随着瓶颈工位耗时的延长,生产率的降低快慢程度将随着瓶颈工位的加工能力不同而不同,加工能力低则生产率下降迅速,加工能力高则生产率下降缓慢。因此,在设计或更改系统时,可根据具体生产系统并参考图 3-9 和图 3-10,设计最佳的增加/移走可移动加工设备的方案。

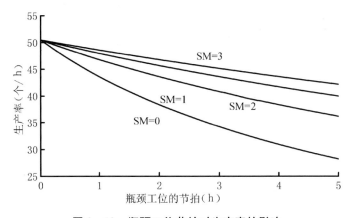

图 3-10 瓶颈工位节拍对生产率的影响

注:实际生产过程中,当可移动加工设备为零台,
瓶颈工位耗时 2.7 时,生产率为 35

③ Rump-up 时间对生产率的影响

式(3-12)中,取 $\theta = 0.6$,$x = 2.7$(单台设备),可得 $T = 8.84 + \beta/5(1+1\,800\beta)^2 + (360/(1+1\,800\beta))\,(1/1\,800^2 + \beta^2)$。图 3-11 表明系统 Rump-up 时间和生产率的关系。由图 3-11 可知,随着 Rump-up 时间的延长,产品加工周期加长,生产率降低。在实际设计可重组制造系统时,应测算 Rump-up 时间,有助于准确计算系统生产率,并力争在系统运行过程中有效降低 Rump-up 时间。

④ 混流比对生产率的影响

式(3-12)中,取 $x = 2.7$,$\beta = 1$(单台设备),可得 $T = 9.4 - 0.6\theta$。图 3-12 表明混流比和生产率的关系。A,B 两种不同产品需要经过不

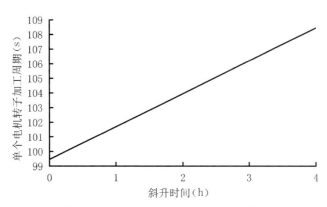

图 3 - 11　Rump-up 时间对生产率的影响

注：实际生产过程中，当 Rump-up 时间为 1 小时 2 分时，加工周期为 102.7

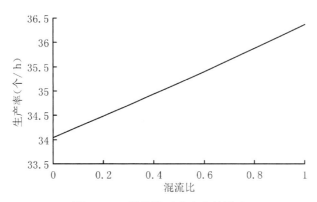

图 3 - 12　混流比对生产率的影响

注：实际生产过程中，当混流比为 0.6 时，生产率为 35 台

同的加工工序(图 3 - 6 中的第三道工序)或对同一工序进行构件重组进行生产(图 3 - 6 中的第六道工序)。由图 3 - 12 可知，最大的生产率在混流比最大处获得。

3.3.3　基于 GSPN 的可重组制造系统建模及性能分析

采用 3.1.2 节给出的基于 GSPN 的可重组制造系统建模及分析方法，对 3.3.1 节的实例进行建模和分析。

1. 建立基于 GSPN 的可重组生产线模型

GSPN 模型假设每一个生产过程都是符合负指数分布的随机过程。建立的 GSPN 模型状态集 S 分为实存状态 T 和消失状态 V。在分析可重组制造系统的状态时,将运输原材料等用时很少的环节视为消失状态,将零件加工过程、材料装卸过程以及制造系统重组过程等用时较长的环节视为实存状态。这种近似的处理方法能有效的减少复杂系统的状态空间。

图 3 - 13 为基于 GSPN 的可重组生产线模型,各库所及变迁含义如表 3 - 6 所示。

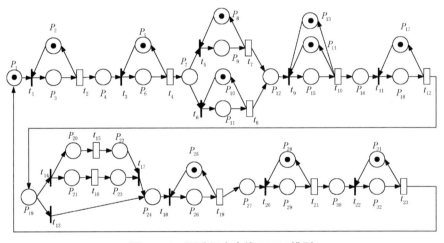

图 3 - 13 可重组生产线 GSPN 模型

注:粗短线表示的变迁为瞬时变迁;小方框表示的变迁为指数分布的时延变迁

表 3 - 6 图 3 - 13 模型中的库所、变迁含义表

变迁	含　义	时间 (h)	类型	瞬时变迁 激发概率
t_1	第一道工位加工缓冲收到原材料	—	瞬时	—
t_2	第一道工位加工零件	1.5	负指数	—
t_3	第二道工位加工缓冲收到原材料	—	瞬时	—

变迁	含　　义	时间 （h）	类型	瞬时变迁 激发概率
t_4	第三道工位加工零件	0.7	负指数	—
t_5	第三道工位插绝缘机加工缓冲收到原材料	—	瞬时	0.6
t_6	第三道工位涂敷机加工缓冲收到原材料	—	瞬时	0.4
t_7	第三道插绝缘机加工零件	0.6	负指数	—
t_8	第三道涂敷机加工零件	1.2	负指数	—
t_9	第四道工位加工缓冲收到原材料	瞬时	—	
t_{10}	第四道工位加工零件（瓶颈工位）	x	负指数	—
t_{11}	第五道工位加工缓冲收到原材料	—	瞬时	
t_{12}	第五道工位加工零件	0.8	负指数	—
t_{13}	确认加工设备无需更换构件	—	瞬时	0.8
t_{14}	确认加工设备需更换构件	—	瞬时	0.2
t_{15}	替换构件安装到加工设备	β	负指数	—
t_{16}	加工程序上载到加工设备	0.000 6	负指数	—
t_{17}	加工设备调整完待加工	—	瞬时	
t_{18}	第六道工位加工缓冲收到原材料	—	瞬时	
t_{19}	第六道工位加工零件	0.8	负指数	—
t_{20}	第七道工位加工缓冲收到原材料	—	瞬时	
t_{21}	第七道工位加工零件	1.1	负指数	—
t_{22}	第八道工位加工缓冲收到原材料	瞬时	—	
t_{23}	第八道工位加工零件	0.4	负指数	—

2. 构造同构马尔可夫链

生产重组及加工过程都符合指数随机分布，GSPN 的遍历各态的标识状态和相应的变迁就构成了与可达图同构的马尔可夫链（图 3 - 14）及其状态集（表 3 - 7），本模型中有 12 个实存状态。图 3 - 13 中取 $t_{10} =$ 2.7（表明没有可移动机床加入到瓶颈工位的加工），$\beta = 1$（表明系统

Rump-up 时间为 1 h)。

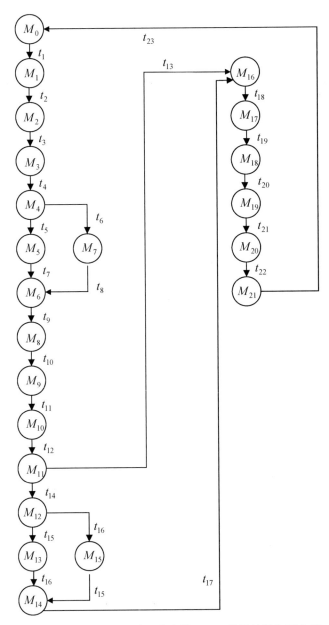

图 3-14　图 3-13 可重组生产线 GSPN 模型的马尔可夫链

表 3 – 7　图 3 – 13 可重组生产线模型的 GSPN 状态集

	P_1	P_2	P_3	P_4	P_5	P_6	P_7	P_8	P_9	P_{10}	P_{11}	P_{12}	P_{13}	P_{14}	P_{15}	P_{16}	P_{17}	P_{18}	P_{19}	P_{20}	P_{21}	P_{22}	P_{23}	P_{24}	P_{25}	P_{26}	P_{27}	P_{28}	P_{29}	P_{30}	P_{31}	P_{32}
M_0	1	1	0	0	1	0	0	1	0	1	0	0	1	1	0	0	1	0	0	0	0	0	0	0	1	0	0	1	0	0	1	0
M_1	0	0	1	0	1	0	0	1	0	1	0	0	1	1	0	0	1	0	0	0	0	0	0	0	1	0	0	1	0	0	0	0
M_2	0	1	0	0	1	0	0	1	0	1	0	0	1	1	0	0	1	0	0	0	0	0	0	0	1	0	0	1	0	0	1	0
M_3	0	1	0	0	0	1	1	1	0	1	0	0	1	1	0	0	1	0	0	0	0	0	0	0	1	0	0	1	0	0	0	0
M_4	0	1	0	0	1	0	1	0	1	1	0	0	1	1	0	0	1	0	0	0	0	0	0	0	1	0	0	1	0	0	1	0
M_5	0	0	0	0	1	0	0	1	1	0	1	0	1	1	1	0	1	0	0	0	0	0	0	0	1	0	0	1	0	0	1	0
M_6	0	1	0	0	1	0	0	1	0	1	0	0	1	1	0	0	1	0	0	0	0	0	0	0	1	0	0	1	0	0	1	0
M_7	0	1	0	0	1	0	0	1	0	1	0	0	1	1	0	0	1	0	0	0	0	0	0	0	1	0	0	1	0	0	1	0
M_8	0	1	0	0	1	0	0	0	0	1	0	0	1	1	1	0	1	1	0	0	0	0	0	0	1	0	0	1	0	0	1	0
M_9	0	1	0	0	1	0	0	0	0	1	1	0	1	1	0	0	1	0	0	0	0	0	0	0	1	0	0	1	0	0	1	0
M_{10}	0	0	0	0	0	0	0	0	0	1	0	0	1	1	0	0	1	0	0	1	0	0	0	0	1	0	0	1	0	0	1	0
M_{11}	0	0	0	0	0	0	0	0	0	1	1	0	1	1	0	0	1	0	0	0	1	0	0	0	1	0	0	1	0	0	1	0
M_{12}	0	1	0	0	0	0	0	0	0	1	0	0	1	1	0	0	1	0	0	1	1	0	0	0	1	0	0	1	0	0	1	0
M_{13}	0	1	0	0	0	0	0	0	0	1	0	0	1	1	0	0	1	0	0	0	1	0	0	0	1	0	0	1	0	0	1	0
M_{14}	0	0	0	0	0	0	0	0	0	1	0	0	1	0	0	0	1	0	0	0	0	0	0	1	1	0	0	1	0	0	1	0
M_{15}	0	0	0	0	0	0	0	0	0	1	0	0	1	1	0	0	1	0	0	0	0	0	1	0	1	0	0	1	0	0	1	0
M_{16}	0	0	0	0	0	0	0	0	0	1	0	0	1	1	0	0	1	0	0	0	0	0	0	1	1	0	0	1	0	0	1	0
M_{17}	0	0	0	0	0	0	0	0	0	1	0	0	1	1	0	0	1	0	0	0	0	0	0	0	1	1	1	1	0	0	1	0
M_{18}	0	0	0	0	0	0	0	0	0	1	0	0	1	1	0	0	1	0	0	0	0	0	0	0	1	1	0	0	0	0	1	0
M_{19}	0	1	0	0	1	0	0	0	0	1	0	0	1	1	0	0	1	0	0	0	0	0	0	0	1	0	0	1	1	0	1	0
M_{20}	0	0	0	0	1	0	0	0	0	1	0	0	1	1	0	0	1	0	0	0	0	0	0	0	1	0	0	1	0	0	1	0
M_{21}	0	0	0	0	0	0	0	0	0	1	0	0	1	1	0	0	1	0	0	0	0	0	0	0	1	0	0	1	0	0	0	1

3. 求稳定状态概率

取 M_0 为参考状态,求得稳定概率为:$P_{M1} = 0.165\ 93$,$P_{M3} = 0.077\ 43$,$P_{M7} = 0.053\ 1$,$P_{M5} = 0.039\ 82$,$P_{M8} = 0.298\ 67$,$P_{M10} = 0.088\ 49$,$P_{M12} = 0.000\ 01$,$P_{M17} = 0.088\ 49$,$P_{M15} = 0.022\ 11$,$P_{M13} = 0$,$P_{M19} = 0.121\ 69$,$P_{M21} = 0.044\ 25$。

4. 分析系统性能

生产系统性能指标主要包括:生产率、各设备利用率比例等。下面以计算汽车电机生产线的上述两个参数为例,分析系统性能。

生产率:设 G_j 是 M 状态中的使 t_j 激发的子集,则单位实际的平均激发次数为 $f_i = (\tau_j) \times \sum_{m_i = G_j} p_i$。假设 T 中的一个变迁激发一次就得到一单位数量的成品,则该制造单元的生产率为 $F = \sum_{T_j = T} f_i$。本模型中,变迁 t_{23} 每激发一次就得到一单位数量的成品,其平均激发率 $F_{23} = (p_{21}) \times (1/0.4) = 0.011\ 06\ \text{min}^{-1}$,它反映了该可重组制造系统的平均生产能力。该系统生产一车产品的平均时间是 9 h。

各设备利用率比例:当 P_3,P_6,P_9,P_{11},P_{15},P_{18},P_{20},P_{21},P_{26},P_{29},P_{32} 有托肯的时候,分别代表了各道工位加工设备的有效加工状态。

瓶颈工位加工设备利用率/第一道工位加工设备利用率 $= P_8/P_1 = 0.298\ 67/0.165\ 93 = 1.80$。该数据反映了瓶颈工位的加工设备利用率高于第一道工位的加工设备利用率。瓶颈工位与其他工位利用率的比例如表 3 - 8 所示。

表 3 - 8　瓶颈工位与其他工位设备利用率比例表

瓶颈工位号 ＼ 工位号	1	2	3	3′	4	5	6	7	8
4	1.80	3.86	7.50	5.62	1	3.38	3.38	2.45	6.74

3.3.4　实例计算结果比较

通过实例对上述两种不同的性能分析方法进行比较,可得到:

● 模型描述广度

由于 ESPN 可以存在任意分布的变迁,极大地增强了系统描述能力,相对于 GSPN(GSPN 只能包含瞬时变迁或负指数分布的时间变迁)可对更多、更复杂的制造系统进行建模分析。

● 模型描述深度

大部分的系统变化时间规律并不符合 GSPN 严格要求的负指数分布这一条件,因此 ESPN 比 GSPN 描述更加接近真实系统,不需要做简化处理,从而可以得到更加准确的性能分析结果。例如在本模型中,针对加工周期这一指标,实际时间为 9.15,基于 ESPN 模型的时间为:9.04,基于 GSPN 模型的时间为 9。可以看出 ESPN 模型的仿真程度比 GSPN 模型高。需要说明的是,由于本模型比较简单,因此反映出来的计算结果差别并不是很大,随着模型的复杂程度增加以及变迁分布的多样化,计算结果的差异将增大。

● 模型描述动态性

基于 GSPN 的系统分析方法只能计算出特定点的分析结果;而基于行为表达式的 ESPN 系统分析方法可以很方便得到变量之间的趋势曲线,有利于分析系统参数变化对系统性能的影响。

3.4　本 章 小 结

在可重组制造系统的设计、规划、评价及调度中通过系统建模及其性能分析,优化系统的生产能力和生产功能,从而快速响应市场。

提出了基于 ESPN 的可重组制造系统建模方法,其特点如下:

● 采用基于模块化的自底向上建模方法,增加了反映可重组制造系统本质特征的移动加工设备以及可变结构加工设备的 ESPN 模块,可方便、有效地描述可重组制造系统的组元升级和组态调整。同时,由于ESPN 能描述任意分布的离散系统,因此能更加精确的体现系统运行过程。

为克服性能分析时可达图存在状态空间爆炸的问题,引入了行为表达式的分析方法对基于 ESPN 的可重组制造系统模型进行性能分析,其特点如下:

● 采用行为表达式的方法可不必画出系统可达图就可进行系统性能分析。

● 采用行为表达式的分析方法可方便地得到关于系统重要参数的函数关系,利用该关系式可直观、简洁的得到系统性能及相应趋势图。

针对一条可重组电机生产线,采用基于 ESPN 的模块化建模方法建立系统模型,并采用行为表达式的分析方法对系统性能进行了分析,针对可重组制造系统关注的重要性能之间的关系(如生产率与瓶颈工位时延、可移动加工设备、Rump-up 时间、混流比之间的关系等)进行了深入的分析。

针对 RMS 本章提出了基于 ESPN 的建模方法和基于行为表达式的性能分析方法和基于 GSPN 的建模和性能分析方法,通过二者的分析比较,计算结果表明了前者的优越性。

第4章

基于 Petri 网与 GA 的可重组制造系统调度方法

生产调度是制造系统的一个研究热点，也是理论研究中较为困难的问题之一。优良的调度方法对于提高生产系统的最优性提高经济效益有着极大的作用。调度的任务是根据生产目标和约束，为每个加工对象确定具体的加工路径、时间、机器和操作等。由于制造系统的多样性，以及系统要解决的问题侧重点不同，调度方法、研究的对象以及优化指标也有着明显的区别。就对象而言，有确定性和随机性调度、离散事件和连续事件调度等。就调度方法而言，有 Gantt 图法、分支定界法、排队论法、规则调度法和仿真方法等。常用的优化指标主要包括：最大完成时间、平均加工时间、平均延迟时间、生产成本以及 E/T 指标等。

计算复杂性理论表明，多数调度问题都属于 NP 难题，目标解的搜索涉及解空间的组合爆炸。统计式全局搜索技术和人工智能的方法通过模拟或揭示某些自然现象、过程和规律而得到发展，这些算法独特的优势、机制及其出众的优化能力，在诸多领域得到了成功应用。

可重组制造系统在满足系统并发、共享和加工路径的可选择性等特点之外，可重组制造系统的生产调度的难点为：① 生产调度的建模必须适应系统构件快速可重组及模块化的特点;② 生产调度必须解决如何及何时进行组元重组;③ 生产调度的目标是使得制造系统的生产能力、生产功能与重组费用三要素之间的优化平衡。

针对上述问题,结合高效调度算法,本书提出了基于 Petri 网和遗传算法的可重组制造系统调度方法。

4.1 GA 理论与实现技术

遗传算法(Genetic algorithm,简称 GA)是 J Holland 于 1975 年受生物进化论的启发而提出的[146]。GA 的提出在一定程度上解决了传统的基于符号处理机制的人工智能方法在知识表示、信息处理和解决组合爆炸等方面遇到的困难,其自组织、自适应、自学习和群体进化能力使其适合于大规模复杂优化问题。

GA 是基于"适者生存"的一种高度并行、随机和自适应优化算法,它将问题的求解表示成"染色体"的适者生存过程,通过"染色体"群(Population)的一代代不断进化,包括选择(Reproduction)、交叉(Crossover)和变异(Mutation)等操作,最终收敛到"最适应环境"的个体,从而求得问题的最优解或满意解。

GA 是一种较为通用的优化算法,其编码技术和遗传操作比较简单,优化不受限制性条件的约束,而其两个最大的显著特点则是隐含并行性和全局解空间搜索。下面将就 GA 的流程、操作、算法理论和技术等进行基础性介绍。

4.1.1 GA 的基本流程

GA 是一类随机优化算法,但它不是简单的随机比较搜索,而是通过对染色体(Chromosome)或个体(Individual)或串(String)的评价和对染色体及其基因(Gene)的作用,有效地利用已有信息来指导搜索有希望改善优化质量的状态。

以下介绍标准遗传算法的步骤,很多遗传算法的改进都是以此为基础的[83,147-149]。

① $k = 0$,随机产生 N 个初始个体构成初始种群 $P(0)$。

② 求 $P(k)$ 中各个体的适应度函数值(Fitness Value)。

③ 判断算法收敛准则是否满足。若满足则输出搜索结果;否则执行下面步骤。

④ $m = 0$。

⑤ 根据适应度值大小以一定的方式执行选择操作从 $P(k)$ 中挑选两个个体。

⑥ 若交叉概率 $p_c > \xi \in [0,1]$,则对选中个体执行交叉操作来产生两个子代个体;否则,将选中的父代个体直接作为子代个体。

⑦ 按变异概率 p_m 对临时个体执行变异操作产生两个新个体放入 $P(k+1)$ 中,并令 $m = m + 2$。

⑧ 若 $m < N$,则返回第 5 步;否则,令 $k = k + 1$,并返回第 2 步。

上述算法中,适应度函数是对个体进行选择的一个重要指标,是 GA 进行优化所用的主要信息,它与个体的目标值存在一种对应关系;选择操作通常采用比例选择,即选择概率正比于个体的适应度函数值,如此就意味着适应度高的个体在下一代中得到遗传的概率增大,从而提高了种群中所有个体的平均适应度值;交叉操作用于交换两个父代个体的部分染色体信息构成子代个体,使得子代继承父代的优良基因,从而有助于得到性能优良的个体;变异操作通过随机改变个体中某些基因而产生新个体,利于增减种群的多样性,避免了早熟收敛。

4.1.2　GA 参数与操作的设计

一般而言,GA 的设计是按以下步骤进行:

① 确定问题的编码方案;

② 确定适应度函数计算方法;

③ 算法参数的选择;

④ 遗传算子的设计;

⑤ 确定算法的终止条件。

下面对关键参数和操作的设计做简单介绍[83,149,150]。

1. 编码

编码就是将问题的解用一种码来表示,从而将问题的状态空间与 GA 的码空间相对应,这很大程度上依赖于问题的性质,并将影响遗传操作的设计。由于 GA 的优化过程不是直接作用于问题参数本身,而是在一定编码机制对应的码空间上进行的,因此,编码的选择是影响算法性能与效率的重要因素。

2. 适应度函数

适应度函数用于对个体的评价,也是遗传优化的依据。但是如果评价过程占用了太多时间,则势必影响算法的整体优化性能。

为适应 GA 的优化操作,对于简单的最小化问题,一般直接将目标函数变换为适应度函数;对于复杂优化问题,往往需要构造合适的适应度函数。

由于适应度函数度量意义下的个体差异与目标函数值度量意义下的个体差异有所不同,因此,若适应度值函数设计不当,将难以体现个体的差异,选择操作的作用就很难体现出来,从而造成早熟收敛等问题。目前有多种方法对适应度函数进行改进,如线性变换和指数变换等,即通过某种变换改变原适配值间的比例关系。

3. 算法参数

Grefenstette[146]对求解函数优化的标准 GA 定义了 6 个关键参数，分别是：种群数目（Population size，记作 N）、交叉概率（Crossover rate，记作 C）、变异概率（Mutation rate，记作 M）、代沟（Generation gap，记作 G）、尺度窗口（Scaling windows，记作 W）和选择策略（Selection strategy，记作 S）。因此，一种 GA 的实现对应了一种（N，C，M，G，W，S）参数组合。目前除了采用大量的试验或经验之外，理论性的结论至今还很少。

● 种群数目 N

种群数目是影响算法最终优化性能和效率的因素之一。通常，种群太小，不能提供足够的采样点，以致算法性能不好，甚至得不到可行解；种群太大，尽管增加了优化信息，但无疑增加了计算量，从而使收敛时间太长。在优化过程中种群数目是允许变化的。

● 交叉概率 C

交叉概率用于控制交叉操作的频率。标准 GA 中每一代有 $N \times C$ 个个体进行交叉。交叉概率太大，种群中串的更新很快，进而会使高适应度的个体很快被破坏；概率太小，交叉操作进行很少，从而会使搜索停滞不前。交叉是染色体进化的一个最关键步骤。

● 变异概率 M

变异概率是加大种群多样性的重要原因。一个低的变异概率足以防止整个种群中任一位置的基因一直保持不变。但是，变异概率太小则不会产生新个体，概率太大则使 GA 成为随机搜索。

● 代沟 G

代沟用于控制每代中种群被替换的比例，即每代有 $N \times (1 - G)$ 个父代个体被选中进入下一代种群。$G = 100\%$ 表示所有个体将被替换。也有些替换策略中 G 值跟新旧个体的适应度值高低有关而且是变化的。

● 尺度窗口 W

该参数用于作出由目标值到适应度函数值的调整。比如最大化函数优化问题,个体 x 的适应度值可定义为:$u(x) = f(x) - f_{min}$。其中,$f(x)$ 为其目标值,f_{min} 为问题的最小目标值。然而,f_{min} 通常是未知的,许多方法用算法当前的最小目标值 f'_{min} 作为替代。

● 选择策略 S

通常有两种选择策略:其一为纯选择(Pure selection),即种群中每一个体根据其适应度值作比例选择;其二为保优选择(Elitist strategy),即先用纯选择进行选择,然后将适应度值最高的一个加入到下一代种群中,该策略可防止最优解的遗失。

由上可知,最佳的 GA 参数是有赖于问题本身的,而且上述结论一般仅针对标准 GA 的函数优化。尽管 GA 是一种有效的优化算法,但其最优参数的确定本身就是一个极其复杂的优化过程。

4. 遗传操作

优胜劣汰是设计 GA 算法的基本思想,它应在选择、交叉、变异和种群替换等操作中得到体现,并考虑到对算法效率与性能的影响。

● 种群初始化

通常初始种群是随机产生的,但考虑到搜索效率和质量,一方面要求尽量使初始种群分散地分布在解空间,另一方面可以采用一些简单方法快速产生一些解作为 GA 的初始个体。

● 选择操作

选择操作用于避免有效基因的消失,使高性能的个体得以以更大的概率保存到下一代,从而提高全局收敛性和计算效率。最常用的有比例选择、基于排名的选择和锦标赛选择。

● 交叉操作

交叉操作用于组合出新的个体,在解空间中进行有效搜索,同时降低对有效模式的破坏概率。

● 变异操作

当交叉操作产生的后代适应度值不再进化且没有达到最优时,就意味着算法的早熟收敛。这种现象的原因在于有效基因的缺损,变异可在一定程度上客服这种情况,增加种群的多样性。

5. 算法终止条件

GA 的收敛理论证明了 GA 具有概率 1 收敛的极限性质,然而实际情况中 GA 难以实现理论上的收敛条件、运行时也不允许无限制的进行搜索、同时其最优解是个未知解,因此必须给定一些收敛条件来终止算法运行。

最常用的方法包括:给定一个最大进化步数、给定个体评价总数、给定最佳搜索解的最大滞留步数。

4.2　基于 Petri 网与 GA 的可重组制造系统调度方法

基于 Petri 网与遗传算法的调度方法(DTPN-GA)如图 4-1 所示。该调度算法的特点是:[152,153]

(1) 将 RMS 的物理模型抽象为具有一定工艺特征模块的组合,给出这些模块的 Petri 网模型及相应定义,可以保证系统无死锁并有足够的 RMS 系统描述能力,采用自底向上的方法建立调度模型。

(2) 采用 GA 算法为 RMS 系统进行调度优化,以 RMS 的 Petri 网调度模型的激发序列作为染色体编码。

(3) 提出系统重组费用与 E/T(提前/拖后)惩罚相结合的多目标优化指标,GA 算法中采用了新的适应度函数及变异算子。

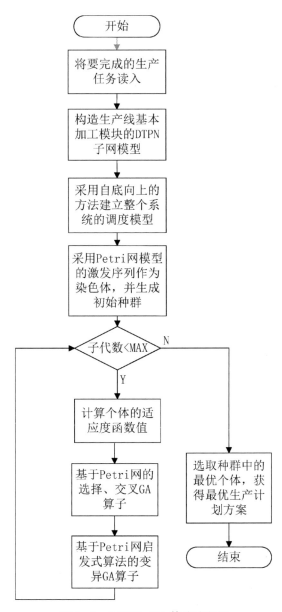

图 4 - 1　DTPN - GA 算法流程图

4.2.1　调度模型设计

可重组制造系统的调度模型通过一定的方式抽象地建立能够精确揭示可重组制造系统特征的动态模型,这是实现调度算法的基础。在给出 Petri 网基本模块的基础上,采用自底向上模块化的方法建立基于 Petri 网的系统调度模型,能很好地适应 RMS 模块化、动态重构等特征。

由于调度算法要计算不同调度方案下各产品的完成时间,因此,采用确定时间 Petri 网建立调度模型。

1. 确定时间 Petri 网

DTPN 是 Petri 网的子类,采用它来对 RMS 生产线建模。定义如下[151]:

DTPN 是一个六元组

$$N = (P, T, I, O, \Lambda, m_0) \tag{4-1}$$

其中:

$P = \{P_1, P_2, \cdots, P_m\}$ 是有限的库所集合,$m > 0$;

$T = \{t_1, t_2, \cdots, t_n\}$ 是有限的变迁集合,$n > 0$,满足 $P \bigcup T \neq \Phi$ 且 $P \bigcap T = \Phi$;

$I: P \times T \rightarrow N$ 是输入函数,定义了从 P 到 T 的有向弧集合;$N = \{0, 1, 2, \cdots\}$;

$O: P \times T \rightarrow N$ 是输出函数,定义了从 T 到 P 的有向弧集合;

$\Lambda: P \rightarrow R^+ \bigcup \{0\}$ 是库所集合 P 的每个元素定义一个操作时间的时间函数;

$m_0: P \rightarrow N$ 是定义从库所集合 P 到正整数集合的初始标识函数。

点火规则:

$t \in T$ 在标识 m 下被使能,当且仅当 $\forall p \in P, m(p) \geqslant I(p, t)$,若

$t \in T$ 在标识 m 下被使能,按照如下规则产生新标识 m' $\forall p \in P$,$m'(p) = m(p) - I(p, t) + O(p, t)$。

2. 调度模型基本模块

在制造系统中,死锁情况的出现主要表现在资源分配的冲突上。在 FMS 系统中对于死锁的解决可以通过添加表示缓冲区的库所来加以解决。在文献[151]的基础上进行扩展和修改,结合可重组制造系统的特点,给出如图 4-2 所示中的三个生产线加工模块,利用这些基本模块构造的基于 Petri 网的 RMS 调度模型不含有可能会导致死锁的结构(证明详见文献[103])。因此,在算法中不必考虑死锁问题,其本质就是添加表示缓冲区的库所。

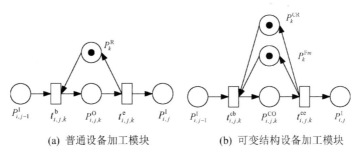

(a) 普通设备加工模块　　　　(b) 可变结构设备加工模块

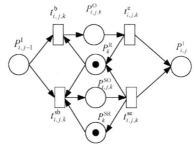

(c) 含移动设备加工模块

图 4-2　调度模型基本模块

图 4-2 模块中库所和变迁的特定语意如下:

P_k^R 表示加工资源 R_k;

$P_{i,j}^{\mathrm{I}}$ 表示第 i 产品的第 j 道工序完成,在加工缓冲区等待下一道操作;

$P_{i,j,k}^{\mathrm{O}}$ 表示第 i 产品的第 j 道工序在加工资源 R_k 上加工;

$P_{i,j,k}^{\mathrm{SO}}$ 表示第 i 产品的第 j 道工序在加工资源 R_k 以及 S_k 同时加工;

$P_{i,j,k}^{\mathrm{CO}}$ 表示第 i 产品的第 j 道工序在加工资源 C_k 上加工;

P_k^{SR} 表示可移动加工资源 S_k;

P_k^{CR} 表示可变结构加工资源 C_k;

$P_k^{F_i}$ 表示变结构加工资源 C_k 的第 i 种组件;

$t_{i,j,k}^{\mathrm{b}}$ 表示第 i 产品第 j 工序在加工资源 R_k 开始加工;

$t_{i,j,k}^{\mathrm{e}}$ 表示第 i 产品第 j 工序在加工资源 R_k 结束加工;

$t_{i,j,k}^{\mathrm{sb}}$ 表示第 i 产品第 j 工序在加工资源 R_k 和 S_k 开始加工;

$t_{i,j,k}^{\mathrm{se}}$ 表示第 i 产品第 j 工序在加工资源 R_k 和 S_k 结束加工;

$t_{i,j,k}^{\mathrm{cb}}$ 表示第 i 产品第 j 工序在加工资源 C_k 开始加工;

$t_{i,j,k}^{\mathrm{ce}}$ 表示第 i 产品第 j 工序在加工资源 C_k 结束加工。

3. 可重组制造系统调度模型的建立

可重组制造系统通过自身构件的变化、构件数量的增减以及构件之间的联系变化改变生产能力和生产功能,因此,模块化的调度模型能很好地描述制造系统的重组特征。自底向上建模的具体方法如下:

(1) 针对系统加工设备是否具有重组特征,给出相应的具有一定工艺特征的加工工序,分为两大类:普通加工工序和可重组加工工序,描述如下:

a. 普通加工工序:指该工序的加工设备由一台或一组固定加工设备组成,不具有重组特征。

b. 可重组加工工序:通过可移动设备及可变结构加工设备实现生

产能力及生产功能的调整。含移动设备加工工序：指该工序的加工设备由普通加工设备加上可移动的冗余设备组成。该工序一般为生产线的瓶颈工位，移动设备由于具有了可移动和调整的功能，能通过设备的增减来改变瓶颈工位的加工能力和生产节拍。变结构加工工序：指该工序的加工设备含有部分可更换构件，可以通过更换机床构件来适应另一类特征的零件加工。

（2）根据实际可重组生产线的物理布局情况和结合各加工工序的特点，将生产线按次序分别抽象为具有上述工艺特征工序。对于每一道工序及其加工设备采用上节中的 Petri 网基本建模模块进行形式化的表示得到系统子网。

（3）根据不同零件的加工工艺不同，分别确定各自的工艺路径以及需要经过的系统子网。将子网之间共同的变迁按照工艺要求进行合并，就得到整个可重组制造系统的 Petri 网模型。

4.2.2 调度算法特点

GA 具有全局搜索能力，在生产调度算法上得到了越来越多的应用。将可重组制造系统的 Petri 网模型与 GA 算法紧密结合，针对系统的自身约束和优化指标，给出生产调度算法。该 DTPN－GA 算法具有以下特点：

● GA 算法的染色体采用 Petri 网模型中状态转移的变迁激发序列，这种编码方式与 Petri 网模型紧密结合，而与特定的物理结构无关，只需制造系统本身能描述成 Petri 网即可。

● 适应度函数中采用了重组费用和 E/T 惩罚相结合的多目标优化指标。

● 变异算子通过加入用来反映最优路径的费用估计的启发信息，使得 GA 算法能较快的得到最优或次优解。

4.2.3　调度算法参数定义

针对可重组制造系统的特点给出本调度算法中两个重要的参数定义。

1. 系统重组费用的定义及计算方法

根据系统重组方式的不同,重组费用计算分成两部分:一部分为可移动加工设备的使用造成的重组费用,另一部分为对于不同的加工工件,需要对可变结构机床进行构件替换造成的重组费用。

设可移动加工资源的使用是在加工工序 i 发生,构件重组替换是在加工工序 j 发生。

定义 4.1　S 为加工工序 i 的状态集 $S = \{s_0, s_1\}$,s_0 表示加工工序 i 没有进行重组,s_1 表示工序 i 进行了重组并使用可移动加工资源同时加工。则工序 i 的重组费用函数定义为 $g: S \times S \to R$,其中相同状态间的转换费用为 0。

定义 4.2　加工工序 j 的状态集 $Q = \{q_1, q_2, \cdots, q_n\}$。可变结构机床进行重组替换后加工不同的工件定义为该机床处在不同的加工状态。

定义重组费用函数为 $h: Q \times Q \to R$,相同状态间转换费用为 0,$h(i, j)$ 表示从 q_i 状态到 q_j 状态的转换费用。

Petri 网模型中重组相关变迁的发生将可能改变加工工序的加工状态,根据染色体的变迁序列和生产线的初始状态,可以计算出生产线的重组费用,$f_1 = \sum_i g^i + \sum_j h^j$,$g^i, h^j$ 表示两个可重组工序某一次的重组费用。

2. E/T 约束惩罚函数的定义及计算方法

根据 DTPN,从染色体 σ 可以计算出每个工件的加工完成时间。

定义 4.3　D 为工件交货期集合,E 为工件完成期集合,n 表示工件

数量。因为生产要求在保证按期完成的情况下,库存最小,所以其 E/T 约束惩罚函数必须满足两个条件:

① 工件必须按期完成,即 $\forall e_i \in E$, $\forall d_i \in D$,满足 $e_i \leqslant d_i$。

② 提前约束惩罚计算,即 $\text{Minimize } f_2 = \sum_{i=1}^{n} T_i$, $T_i = d_i - e_i$。

4.2.4 调度算法算子设计

基于 GA 的调度算法中最关键是对各个算子的设计,包括染色体编码、适应度函数、选择算子、交叉算子和变异算子。

1. 染色体编码

对于一个 Petri 网(本文是其子类 DTPN),若存在激发序列 $\sigma = t_1$, t_2, $\cdots$, t_{n-1}, t_n,使得 $m_0[\sigma > m_f$,则 σ 是一条染色体,其中 m_0 是初始标识,m_f 是结束标识,t_1, t_2, $\cdots$, t_{n-1}, $t_n \in T$。

2. 适应度函数

采用多目标优化定义适应度函数,定义 $f_3 = w_1 f_1 + w_2 f_2$,其中 f_1 表示整个加工工程中的重组费用。Petri 网模型中重组相关变迁的发生将可能改变加工工序的加工状态,根据染色体的变迁序列和生产线的初始状态和上述 4.2.1 一节中的计算方法可以计算得到 f_1;f_2 表示 E/T 约束惩罚函数,根据 DTPN,从染色体 σ 可以计算出每个工件的加工完成时间。从而同样根据 4.2.1 小节中的计算方法计算得到 f_2。w_1, w_2 表示不同的目标优化权重,本书中 w_1, w_2 均为 0.5。

由于遗传算法要求越好的解有越大的适应度,因此,取适应度函数为:

$$f(\sigma) = \begin{cases} C_{\max} - f_3(\sigma) & f_3(\sigma) < C_{\max} \\ 0 & \text{其他情况} \end{cases} \quad (4-2)$$

其中,$C_{\max}$ 是一个合适的输入值。

3. 选择算子

采用期望值方法作为选择算子。即群体中每一个个体在下一代生存的期望数目为：

$$M = \frac{f'(\sigma i)}{\sum f'(\sigma i)} \cdot n \qquad (4-3)$$

其中，n 为父代群体的数量。

4. 交叉算子

（1）将群体中的染色体随机配对，设 σ 和 σ' 为配对的两条父染色体。

（2）按照 σ 和 σ' 所代表的激发序列对转移逐个激发，生成中间 Mark。

（3）在 σ 和 σ' 中查找具有相同 Mark 的基因座，并将每一对具有相同 Mark 的基因座记录下来。

（4）在查找到的具有相同 Mark 的基因座对中，随机选取一对，将初始状态与这对基因座之间的基因片断（即激发序列）进行交换。

图 4-3 为交叉算子流程图。图 4-4 为染色体交叉过程，父代染色

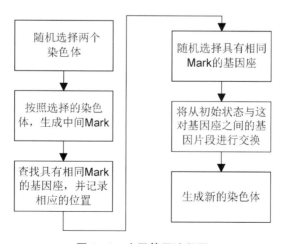

图 4-3 交叉算子流程图

体 σ 和 σ' 有两对基因座对应的 Mark 相同,即 $M_a = M_a'$ 以及 $M_b = M_b'$,经随机选择,选取 (M_b, M_b') 这对基因座,然后交换初始状态与这对基因座之间的基因片断。

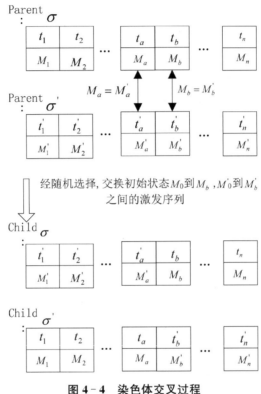

图 4 - 4 染色体交叉过程

注: M_0, M_0' 是 Petri 网模型的初始状态。

5. 变异算子

由于采用激发序列作为染色体编码,若随机改变激发序列中的一个转移,极有可能会导致该染色体为不可行解。本书采用在进行变异时就保证不会产生不可行解的方法,变异流程图如图 4 - 5 所示,算法步骤如下(其中,OpenTable、CloseTable 和 ResultTable 表示存放 Mark 及其属性的表):

（1）初始化，OpenTable 清空，CloseTable 清空，ResultTable 清空。

（2）从染色体 σ 中随机选择一个基因座，将该基因座所对应的 Mark 放入 OpenTable。

（3）如果 OpenTable 不空，转（4），否则转（9）。

（4）从 OpenTable 中移去第一个标识 m 且放入到 CloseTable 上。

（5）若 m 是目标标识，则放入 ResultTable 中。

（6）找出标识 m 下使能的变迁。

（7）对于每一个使能的变迁，产生其后续标识，并设置所有从后续标识到 m 的指针。计算后续标识 m' 的 $g(m')$、$h(m')$ 和 $f(m')$。

（8）将 m' 放入 OpenTable 中，并且根据 $f(m')$ 的递增顺序，重新排列 OpenTable 中的标识的顺序，选取前 N 个标识，然后转到（3）。

（9）从 ResultTable 中取出每一个标识，得到生成该标识的转移和父标识，如此递归得到一个激发序列，从中取出满足时间约束条件并且适应度值最优的激发序列，然后转到（10）如果不存在满足时间约束条件的激发序列，转到（11）。

（10）将染色体 σ 的变异基因座之前的激发序列与第（10）步中得到的激发序列连接，得到新染色体 σ'，该染色体即为变异后的染色体。变异结束。

（11）如果运行次数小于 K，转到（2），否则，转到（12）。

（12）此次变异操作失败。

上述算法中，$f(m)=g(m)+h(m)$。$f(m)$ 为成本估计，$g(m)$ 为上述"与算法相关的主要参变量定义"一节中定义的 f_3，$h(m)$ 为从标识 m 到目标标识的最优路径的成本估计，本书中 $h(m)=-\operatorname{dep}(m)$，其中 $\operatorname{dep}(m)$ 是标识 m 在可达图中的深度，即从初始标识到达标识 m 的激发变迁的次数。

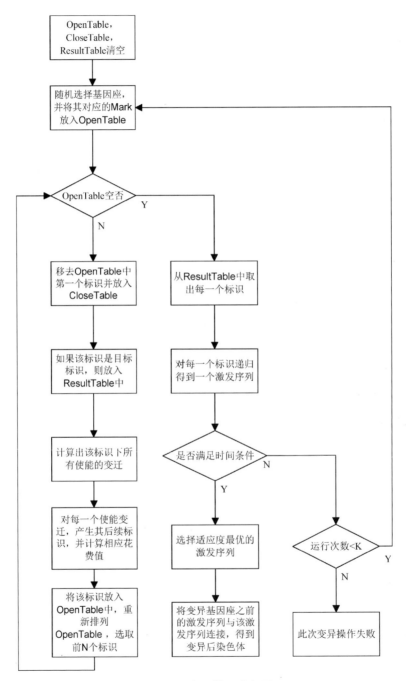

图 4-5 变异算子流程图

由于变异算子只是遗传算法迭代过程中的一步,上述变异算子中的 N 和 K 不宜取太大,否则影响遗传算法的效率。此处推荐 $N=5,K=5$。

4.3　基于 DTPN‐GA 的车间任务调度

4.3.1　问题描述及性质

以某企业可重组电机生产线为例进行生产调度研究。[154]可重组电机转子生产线各工位成流水线布置,工件运输采用小车,包括一台可移动设备和一台可变结构加工设备。其中,含移动设备的工序可根据生产能力的不同需求,增减加工设备数量,实际生产中加入一台移动设备,生产节拍加快一倍;可变结构加工设备可针对不同产品通过重组模块转换进行生产功能切换。加工工艺相近。

调度问题可抽象如下:有三种不同产品(A、B、C),三种产品需要加工的作业数量(Job)分别为 4、2、2。根据加工工序及加工设备的不同,按 4.2.1 小节的基本模块及建模方法,得到分别由 4 个、5 个、5 个 Petri 子网模块组成的系统,各模块加工时间及交货期如表 4‐1 所示。可变结构加工设备重组费用如表 4‐2 所示,可移动加工设备重组费用如表 4‐3 所示。

表 4‐1　各产品在相应设备的加工时间及交货期(单位时间)

	$M1$	$M2$	$M3/$ $(M3+SM3)$	$M4$	$M5$	交货期
产品 A	9	/	10/5	3	5	84
产品 B	9	4	12/6	6	7	56
产品 C	6	3	8/4	3	5	63

表 4 - 2   可变结构加工设备重组费用(单位费用)

	产品 A	产品 B	产品 C
产品 A	0		
产品 B	50	0	
产品 C	30	50	0

表 4 - 3   可移动加工设备重组费用(单位费用)

可移动设备状态	空　闲	加　工
空　闲	0	100
加　工	0	0

4.3.2　调度实例模型的建立

这个问题是典型的多品种、变批量的可重组生产调度问题。系统中存在设备增减,构件重组以及构件之间的联系变化。图 4 - 6 ～ 图 4 - 8 给出了该问题各个产品加工的 Petri 网模型,图中具有相同名称的库所或变迁是同一个库所或变迁,库所及变迁的名称含义参考第 4.2.1 小节。

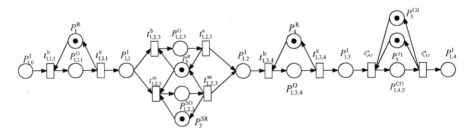

图 4 - 6　产品 A 生产过程的 DTPN 调度模型

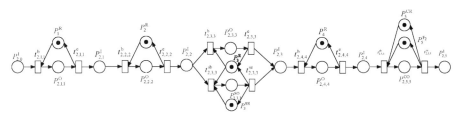

图 4-7 产品 B 生产过程的 DTPN 调度模型

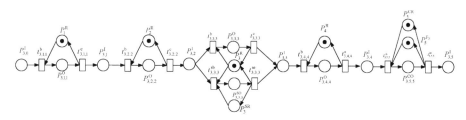

图 4-8 产品 C 生产过程的 DTPN 调度模型

4.3.3 计算结果及分析

GA 算法本身带有一定的随机性,本研究做了 20 次实验,实验的仿真优化结果见表 4-4,图 4-7 显示了其中一次的优化结果。实验环境:计算机为 DELL PowerEdge 1600SC,操作系统为 Windows 2000 Server。实验中各参数设置:交叉概率=0.9,变异概率=0.1,初始种群数量 100 个,迭代次数 100 次。

表 4-4 仿真优化结果

仿真结果	462	479	418.5
次数	8	10	2

从表 4-4 可以看出,20 次实验结果中共有 8 次获得了 462 的优化结果,10 次获得 479 的优化结果,2 次获得 418.5 的优化结果,平均每次优化耗时 2 分 37 秒。图 4-9 显示了其中的一次优化过程。从图中

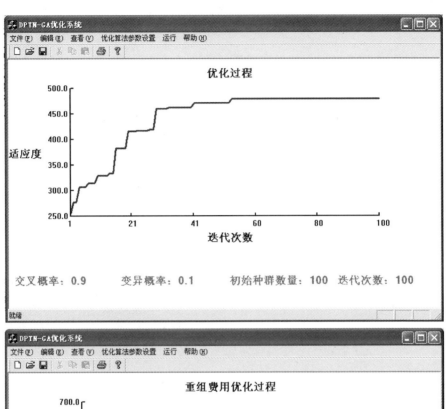

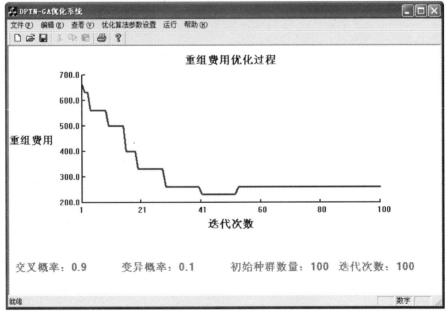

图 4-9　优化过程曲线

可看出,随着优化值的不断优化,重组费用也随之下降。但是,本研究采用以 E/T 惩罚和重组费用相结合的多目标优化过程,最优个体的重组费用略微高于可得到的重组费用最优个体。

图 4-10 为图 4-7 最优个体的调度甘特图,图 4-11 为企业现场相应时间段(某半个月)的实际调度甘特图,图 4-12 为采用文献[98]的启发式算法得到的调度甘特图。

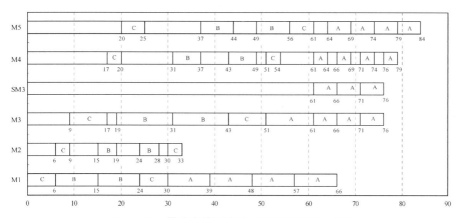

图 4-10　最优个体对应的甘特图(DTPN-GA)

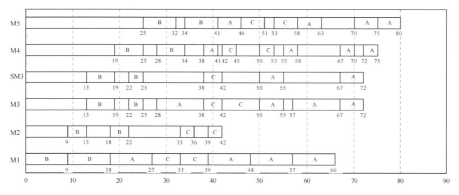

图 4-11　现场采用的调度甘特图

经对比可以看出,图 4-10 中重组费用为 260,E/T 惩罚值为 82;图 4-11 中的相应值分别为 560 和 128;图 4-12 中的相应值分别为 300 和

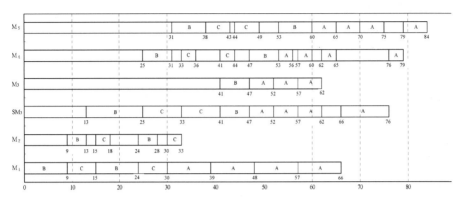

图 4 - 12 最优个体对应的甘特图(启发式)

104。可见,重组费用分别优化了 53.6% 和 46.6%,E/T 惩罚值降低了 35.9% 和 18.8%。由上可知,本书提出的调度算法运行效率较高,相对企业现有采用的调度方法优化效果明显,给企业带来了可观的经济效益。

4.4 本 章 小 结

目前大部分的调度算法都关注 FMS 及 DML 的调度问题,并不适应 RMS 的调度问题,且算法不具有通用性。

提出了一种应用 GA 及 Petri 网结合的调度算法(DTPN - GA)解决 RMS 系统调度优化问题,算法的特点为:

● 以 Petri 网的变迁序列为染色体,算法中的选择、交叉和变异算子都是对 Petri 网模型中的元素进行操作,与问题空间无关,具有很高的通用性。

● 给出了适应 RMS 组元调整、组态升级特点的模块化调度建模方法。

● 针对生产实际情况采用了多目标优化函数（系统重组费用与 E/T 惩罚）为优化目标。

● 变异算子通过加入用来反映最优路径的费用估计的启发信息，使得 GA 算法能较快的得到最优或次优解。

通过与企业汽车电机可重组生产线的一个实际例子做比较得出：提出的 DTPN‑GA 调度算法对现有生产线调度的优化是显著的，在满足交货期的前提下，有效降低了系统重组费用，减少了成品/半成品的库存占用时间，提高了系统的成本经济效益。

第5章
可重组制造系统的逻辑控制器设计方法

　　随着机电一体化的不断发展,加工系统的硬件设备和软件控制互相融合,缺一不可。现代制造系统中任何一台加工设备的操作过程都是由加工系统的逻辑控制器控制的。系统运行时,一个正确的逻辑控制器可有效地控制生产节拍,保证加工精度,对稳定产品质量起到极大的作用。虽然逻辑控制器在制造系统中具有很重要的地位,但是很多制造系统控制逻辑正确性的验证还是通过系统的实际试车加以检验,这种方法不仅浪费时间,更重要的是极大地增加了生产成本。因此,很多学者对此进行了研究,文献[64][110]等提出了设计和验证逻辑控制器的方法。这些方法都基于制造系统是一类典型的离散事件动态系统进行逻辑控制器的设计,并确保了制造系统控制器的活性。

　　为适应快速可变的功能,可重组制造系统必须采用模块化的结构。模块化结构保证了系统构件之间良好的互换性,便于构件增减,使得制造系统快速重组成为可能。系统模块化主要包括两个方面:系统硬件设备以及控制部分。为支持模块化设计,系统控制器应采用开放式结构。IEEE将开放式结构定义为:"一个开放式系统为适应不同的运行平台,可采用合适的应用构件,实现用户之间的互操作并给用户提供良好的一致性。"[155]因此,一个可重组制造系统的模块化控制系统逻辑控制器必须满足以下特征：① 开放式结构并满足生产系统各个构件的集成、扩充、重置、重用。② 支持多品种、变批量混流生产。③ 能采用形式化方法检验系统是否满足无死锁等约束条件。

针对上述需求，文献[129]提出了一种基于 Petri 网的模块化逻辑控制器设计方法，部分解决了可重组控制系统模块化和快速出错处理的要求。本书基于文献[110]，结合可重组制造系统多品种、变批量、混流生产的特点，提出了基于 Petri 网的支持混流生产的可重组逻辑控制器设计方法，证明了该控制器的性能，并给出扩展和重构方式，最后，验证该方法的便利性和有效性。

5.1　可重组制造系统对逻辑控制器的设计要求

一般而言，制造系统的物理构成主要包括：数台加工中心（包括部分可变构件）、模块化夹具、运输工具、搬运机构等。其中，每一个加工设备、夹紧装置或运输装置等都可视为一个物理模块，每个物理模块都采用一定的逻辑控制器控制。

制造系统的主要加工过程为：加工件定位夹紧、加工、工件装卸、加工件从上道工序通过运输工具传到下道工序等。在加工同一种产品时，其加工工艺是稳定的，每一道工序的加工顺序、生产节拍需要严格执行。制造系统中各物理模块和各道工序的复杂加工过程受系统逻辑控制器的控制。

与其他制造系统不同，可重组制造系统具有模块化、可集成、可重构等特点，为适应这些特点，其控制系统也必须具备如下特征[5,135,156]，见表 5-1。

由表 5-1 可知，与 RMS 控制系统相对应的 RMS 逻辑控制器应具备特定的属性和特点来保证系统可重组的需求。

表 5 - 1　可重组控制系统的特征

特　征	意　义
模块化	支持分布式结构
互操作性	构件能互替
便利性	不同环境下的构件快速集成
可伸缩性	随着生产能力的变化,拓扑结构能改变
可扩展性	系统功能可以扩充

具体来说,可重组制造系统逻辑控制器应具有以下特点:

● 柔性　能够控制多种制造资源协同完成不同的加工任务,实现多种控制逻辑。

● 适应性　当制造条件发生变化时,逻辑控制器能适时地调整自身状态适应这一变化。

● 开放性　逻辑控制器能快速接受新的特征和功能,一方面,易于各种不同资源的集成;另一方面,易于用户操作。

● 模块化　具有模块化结构,在适应不同的加工任务时,可增减相应模块。

● 可动态重构性　当制造系统需要重组时,其逻辑控制器不需要重新设计,即可方便地重构成新制造系统的逻辑控制器以满足需求。

5.2　逻辑控制器及其相关技术

5.2.1　逻辑控制器

制造系统的逻辑控制可视为事件驱动的控制过程,其中加工过程的每一个操作步骤都可视为产品加工过程中的一个基本事件,这些事件具有同步、并发、串行等关系。逻辑控制器(图 5 - 1)最关键的功能就是保证所有加工过程事件前后逻辑的正确性。

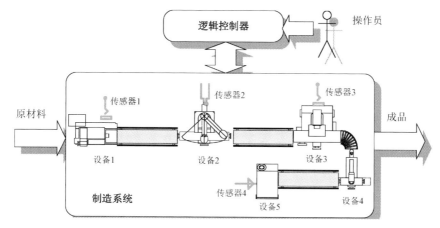

图 5 - 1　逻辑控制器

逻辑控制器在以下几个方面起到关键的作用:

● 自动化生产周期　控制正常的操作循环并具有自动化接口。

● 手动操作　控制工装切换、新工装的安装和设备试车。

● 加工设备的外设　控制加工设备的液压单元、润滑机构、冷却机构、电力部分以及安全机构等。

● 设备故障诊断　提供设备故障信息、操作提示、误操作避免提示等。

通常逻辑控制器由 PLC 来实现。PLC 硬件部分由中央处理单元(CPU)和存储器组成;CPU 执行控制程序,存储器用来存储输入、输出和内部的变量。输入变量由传感器和操作员命令输入,输出变量赋给执行机构和相应的显示设备。RMS 的逻辑控制器具有多种工作方式,可以支持不同产品的混流生产。为了能够正确加工不同的生产产品,逻辑控制器必须跟踪到加工系统不同的工作状态,并采用内部变量记录加工系统的不同状态。

逻辑控制器的控制状态由操作人员的输入命令决定,在本文中,操作人员的输入命令主要包括不同产品的生产指令,每个布尔变量由相应的传感器和操作人员输入,每个变量具有两个值:0 和 1。

一般而言,逻辑控制器的设计要求由时序图描述,其设计结果由顺序控制图实现。

1. 时序图

在一般的生产实际过程中,经常采用时序图(Timing bar chart)表示单个设备操作步骤以及整个生产线加工某一个产品或几种产品的生产循环周期。时序图清晰地表明了生产线中每一个物理模块的操作过程以及不同模块之间的并发操作关系,各种操作的前后关系是通过时间轴上的不同位置进行定义,图中带有箭头的线表明由于不同模块之间的交互操作而引起的顺序关系。时序图充分描述了整个生产过程中各种操作的关系,是生产系统的一种规范表达方式。图 5-2 是一校直机及其相关操作的时序图。

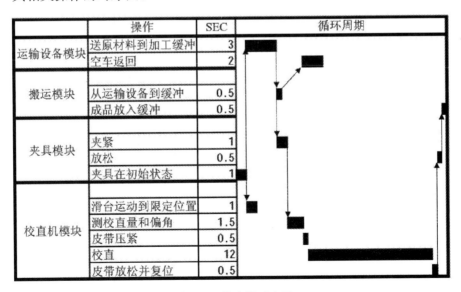

	操作	SEC	循环周期
运输设备模块	送原材料到加工缓冲	3	
	空车返回	2	
搬运模块	从运输设备到缓冲	0.5	
	成品放入缓冲	0.5	
夹具模块	夹紧	1	
	放松	0.5	
	夹具在初始状态	1	
校直机模块	滑台运动到限定位置	1	
	测校直量和偏角	1.5	
	皮带压紧	0.5	
	校直	12	
	皮带放松并复位	0.5	

图 5-2 校直机时序图

时序图中的各种参数是根据生产线设计人员的经验大致估计得到的,因此,可能会和实际运行过程之间存在一定误差,往往需要实际运行后再进行修正。如果生产过程比较复杂,比如存在混流生产、工艺过程复杂等,仅仅采用时序图来清楚地阐明加工循环周期是非常困难的。这也是本文对可重组制造系统逻辑控制器设计方法进行研究的一个重要原因。

2. 顺序功能图

顺序功能图(Sequential function chart,简称 SFC)是采用图形化的方法来描述一个控制程序的顺序行为,它基于 Petri 网和 IEC848 标准 Grafcet,但又做了必要的修改。将一个程序内部组织加以结构化,在保持其总貌的前提下将一个控制问题分解为若干个可管理的部分,由"步"(Step)和"转换点"(Transition)组成,每个转换点具有一定的逻辑条件。每一个步中所实现的功能可以用其他几种语言,如 FBD、LD、ST 和 IL 来描述。

顺序功能图可以由步、有向连线、过渡和动作的集合描述。其转化规则是:顺序功能图的任一步可能是激活的,也可能是休止的,与之相应的动作(Action)只有在步处于激活状态时,方能被执行。因此,步被激活和被休止的过程便确定了系统的行为。

5.2.2　逻辑控制器的 Petri 网描述

逻辑控制器是一种事件驱动系统,而 Petri 网作为一种形式化的描述方法,非常适合于建模分析这类系统。逻辑控制器所控制的制造系统的异步并发行为,都很容易采用 Petri 网进行描述,并且逻辑控制器的正确性可以通过对 Petri 网自身属性的分析得到验证。

制造系统中逻辑控制器所要反映的逻辑关系主要包括:时序依赖(顺序)、冲突(决策和选择)、并发和同步。这些关系都可以通过 Petri 网进行描述(图 5-3)。图 5-3(a)表示 P_1 和 P_2 的时序关系。图5-3(b)中 t_1 和 t_2 都可激发,假如 t_1 被激发则 t_2 不能激发,反之亦然,这种 Petri 网结构称为冲突或者选择。图 5-3(c)表示 P_1 和 P_2 可并发发生。图 5-3(d)中由 t_1 的激发可同步得到 P_1 和 P_2。

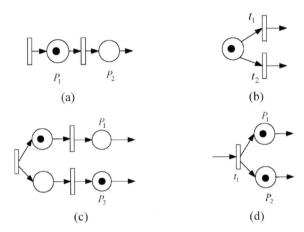

图 5-3　基本逻辑关系 Petri 网模型

对于 Petri 网模型中的图形元素:库所、变迁和托肯,需要赋予相应的物理含义,赋予变迁的物理含义称之为变迁的激发条件。互斥的激发条件必须赋于冲突变迁以保证确定性的行为。

系统的状态由 Petri 网的标识表示,在逻辑控制器中,控制动作序列由相应的 Petri 网模型的动态演化产生。在逻辑控制器的 Petri 网模型中,变迁点火规则需要做一定修改以满足建模的需求,下面给出逻辑控制器建模中用到一些定义:[64]

定义 5.1(逻辑控制器点火规则)　使能的变迁在变迁激发条件得到满足后将立即被激发。

定义 5.2　在 Petri 网中,一个库所变迁序列 $P_1 t_1 P_2 t_2, \cdots, t_{n-1} P_n(t_1 P_1 t_2 P_2, \cdots, P_{n-1} t_n)$ 是 P_1 到 P_n(或 t_1 到 t_n)的一个有向路径,当且仅当, $t_i \in P_i^{\bullet}$ 并且 $t_i \in {}^{\bullet} P_{i+1}$ 　$1 \leqslant i \leqslant n-1$(或 $P_i \in t_i^{\bullet}$ 并且

$P_i \in {}^{\bullet}t_{i+1} \quad 1 \leqslant i \leqslant n-1$)。如果在这个激发序列中没有重复的库所或变迁,那么这个有向路径又称为是简单的。

定义 5.3　在 Petri 网中,一个有向路径 $P_1 t_1 P_2 t_2 , \cdots ,$ $t_{n-1} P_n (t_1 P_1 t_2 P_2 , \cdots , P_{n-1} t_n)$ 中 $P_1 = P_2 (t_1 = t_2)$,则该路径称为有向回路。若该有向路径是简单的,那么形成了简单有向回路。

定义 5.4　状态机是每一个变迁只有一个输入和一个输出库所的 Petri 网,$| {}^{\bullet}t | = | t^{\bullet} | = 1 , \forall t \in T$。

定义 5.5　一个 Petri 网中的每一个库存(或变迁)到另一个库所(或变迁)都存在一个有向路径,则该 Petri 网称为是强连接的。

5.3　支持混流生产的可重组模块化逻辑控制器设计方法

支持混流生产的可重组模块化逻辑控制器由产品决策逻辑控制器和加工设备逻辑控制器组成,如图 5-4 所示。逻辑控制器主要包括控制逻辑、输入变量、输出变量和内部变量。控制逻辑根据相应的输入变量和内部变量的值决定输出变量的值。

加工设备的时序依赖关系由内部变量条件决定。这些 Petri 子网之间并没有明确显示出来的连接关系,它们之间的控制逻辑都是模块化的。每个 Petri 子网被称之为逻辑控制器的一个控制模块。每个加工设备逻辑控制器的 Petri 子网由相应的操作库所和连接变迁组成。支持混流生产的可重组模块化逻辑控制器定义如下:

定义 5.6(可重组模块化逻辑控制器)　可重组模块化逻辑控制器是支持混流生产的可重组制造系统的逻辑控制器 Petri 网形式化描述。它由产品决策逻辑控制器和加工设备逻辑控制器组成。拥有 n 台加工

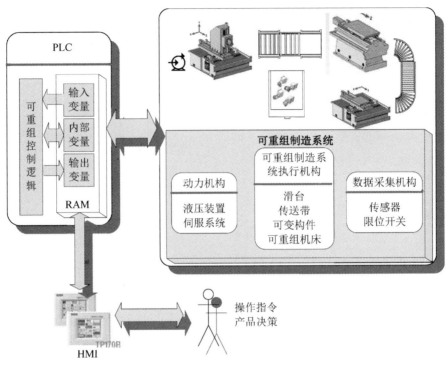

图 5-4 支持混流生产的可重组模块化逻辑控制器的结构示意图

设备的系统将有 $n+1$ 个控制模块。

　　支持混流生产的可重组模块化逻辑控制器的配置如图 5-5 所示。

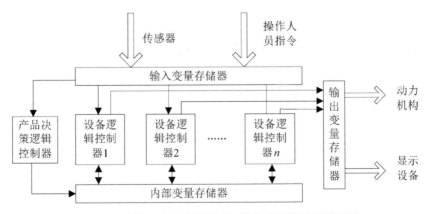

图 5-5 支持混流生产的可重组模块化逻辑控制器配置

5.3.1　变量及其作用

在可重组制造系统中,每个加工设备上的操作是并发异步执行的,但是为了防止加工过程中的冲突或者缩短加工周期,不同加工设备的操作之间必须满足一定的时序关系。在正常加工周期中的这些时序关系是由时序图(图 5-2)中的箭头表示的。为了描述这种时序依赖关系,基于文献[110]采用内部变量来表示某一个操作的完成,并且在不同的加工设备间共享这一变量。不同加工操作之间的时序关系由这些内部变量进行控制,并且各个加工设备的控制逻辑也能具有很好的模块化特点。

另一方面,RMS 的混流生产特点使得逻辑控制器要支持不同产品的加工,因此,需要由输入变量表示目前加工产品的类型。图 5-6 描述了如何在变迁中表示这些变量条件。

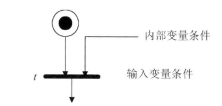

内部变量条件

输入变量条件

图 5-6　变迁的内部变量和输入变量的图形化表示

采用与文献[110]相类似的方法,图 5-7 中表明一些常用的时序关系如何采用变量条件的方法进行表示,图 5-7 中的字符含义见表 5-2。图 5-7(a)中表示了操作 A_1 和 B_2 之间的时序关系,操作 B_1 和 A_1 完成之后,才能进行操作 B_2。图 5-7(b)中的 IVC A_1 表明了赋给操作 A_1 的内部变量设置为 1,也就是 A_1 操作结束。图 5-7(b)表示了操作 A_2 和 B_2 之间的同步关系。

内部变量信息存储在加工模块中,并且系统运行过程根据系统的运行状态而改变其值。为了生产周期的循环进行,在每个生产周期结束的时候,每个加工设备的内部变量必须被重置成 0,以确保下一个生产周期的正确运行。

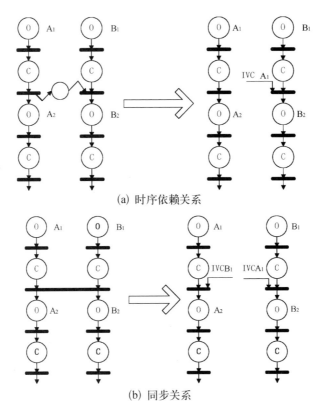

(a) 时序依赖关系

(b) 同步关系

图 5 - 7　操作序列时序关系表述

表 5 - 2　图 5 - 7 中操作状态的实际控制含义表

操作状态	实际控制动作
O(operating)	激发相应的执行机构
C(completed)	停止相应的执行机构动作,并将相应的内部变量由 0 设为 1

5.3.2　加工设备逻辑控制器

每一个加工设备逻辑控制器必须控制加工设备所有操作序列的顺

序关系。为了适应不同产品的加工需求和不同加工设备上的操作序列的时序依赖关系,逻辑控制器还必须跟踪内部变量和输入变量的值。详细的建模步骤如下。

1. 确定加工顺序的基本模型

根据时序图和基本逻辑关系的 Petri 网表示方法,可以给出加工顺序操作的基本模型。图 5-8 表示的是图 5-2 所示校直机的逻辑控制器基本模型,表 5-3 为其中库所含义的说明。PO_i 表示第 i 道操作进行,PC_i 表示第 i 道操作完成。

2. 确定加工模型中变迁的内部变量条件

内部变量条件反映了不同加工设备之间操作序列的时序依赖关系,例如图 5-8 中所示的校直机模型,依据时序图可以看出滑台复位和测校直量和偏角这两道工序必须分别在夹具回到初始位置和夹紧这两个操作完成之后才能进行。假设内部变量 IVC PC_i 和 IVC PC_j 分别表示夹具这两个操作的完成,则图 5-8 在确定了内部变量条件后的模型如图 5-9 所示。

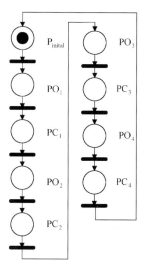

图 5-8　校直机逻辑控制器基本模型

表 5-3　图 5-8 校直机逻辑控制器模型库所含义表

库　所	含　　义	库　所	含　　义
P_{inital}	初始状态	PO_3	校直
PO_1	滑台运动到限定位置	PC_3	校直动作完成
PC_1	滑台操作完成	PO_4	皮带放松并复位
PO_2	皮带压紧	PC_4	皮带松开复位完成
PC_2	皮带压紧完成		

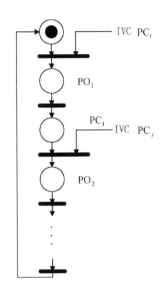 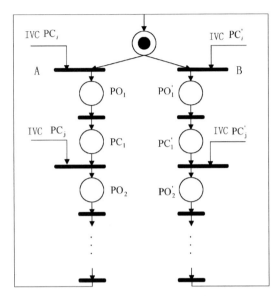

图 5－9　加入内部变量的校直机　　　图 5－10　加入输入决策变量条件的
　　　　　逻辑控制器模型　　　　　　　　　　　校直机逻辑控制器模型

3. 确定加工模型中变迁的输入决策变量条件

由于 RMS 中混流生产的需求，生产系统需及时调整其生产能力和生产功能，常用的重组变化主要包括：由于生产能力变化引起的瓶颈工位增减设备；由于生产功能变化引起的设备构件更替；由于生产工艺变化引起的工艺路线变化。

以图 5－2 中校直机生产为例，如果需要混流生产 A 产品和 B 产品，校直机要执行不同的滑台操作，即生产 A 产品滑台运动到限位块 A 位置，生产 B 产品滑台相应运动到限位块 B 位置，控制器需要根据不同限位块传感器信号确定滑台是否运动到正确的位置。由此，图 5－2 加工模型中变迁的输入决策变量条件如图 5－10 所示，图 5－10 中 A 值(B 值)表示生产 A 产品(B 产品)的相应输入决策变量条件值。

PO_i 和 PO_i' 对应加工设备的同一加工操作相同的或者不同的加工要求。例如上图中的 PO_1 和 PO_1' 对应 A，B 两种产品不同的滑台动作，除此之外的其他操作要求都是相同的。

5.3.3　产品决策逻辑控制器

操作人员的操作命令用来决定当前是生产何种产品。产品决策逻辑控制器根据操作命令和当前加工系统的状态来控制加工系统正确的产品加工操作。例如,图 5-11(a)是一个两个按钮的控制面板,相应的产品决策控制逻辑如图 5-11(b)所示,(b)图中的初始标识代表了系统的初始加工产品。

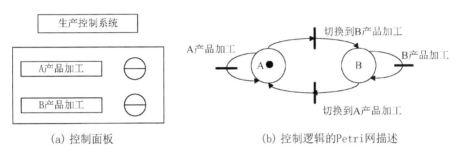

(a) 控制面板　　　　　　　　(b) 控制逻辑的Petri网描述

图 5-11　产品决策逻辑控制器

产品决策逻辑控制器提供加工设备控制逻辑中当前的加工产品类型信息。假定"part"是产品决策逻辑控制器的输入变量,产品决策逻辑控制器输入操作命令或者传感器的值产生相应的变量"part"值,如:"part"分别取值 A(part=0)和 B(part=1)代表 A,B 两种产品。

上述由 5.3.1～5.3.3 逐步设计得到校直机的逻辑控制器以及产品决策逻辑控制器,形成了一个支持混流生产的可重组模块化逻辑控制器。

5.3.4　可重组模块化逻辑控制器的形式化分析

1. 单个控制模块的属性分析

支持混流生产的可重组模块化逻辑控制器包括了基于 Petri 网的产

品决策逻辑控制器以及加工设备逻辑控制器。首先,必须对单独的 Petri 网结构进行分析,然后给出支持混流生产的可重组模块化逻辑控制器的形式化分析结果。

定理 5.1 一个状态机 (N, M_0) 是活性的,当且仅当 N 是强连接的并且 M_0 至少包括一个托肯。一个状态机是安全的,当且仅当 M_0 至多包括一个托肯。一个活性的状态机 (N, M_0) 是安全,当且仅当 M_0 只有一个托肯[88]。

定理 5.2 一个活性的状态机是可逆的[157]。

由上述定理 5.1～5.2 以及文献[110]中的引理 2,可很容易的得知,本文构建的加工设备逻辑控制器是活性、安全和可逆的。由文献[110]的引理 3,可知本文构建的产品决策逻辑控制器是活性、安全和可逆的。

2. 操作时序条件

虽然上述的定理保证了单个模块的活性,安全性和可逆性,但是某个模块不正确的内部变量条件将可能带来整个可重组模块化逻辑控制器的死锁(例如,操作 B 必须要在操作 A 完成之后才能进行,而操作 A 又必须在操作 B 完成之后才能进行将会导致死锁)。为了防止可能出现的系统死锁现象,引入操作时序条件的概念。

定义 5.7(操作时序条件) 逻辑控制器的操作次序相互不冲突,则逻辑控制器满足操作时序条件。

定理 5.3 模块化逻辑控制器是活性、安全和可逆的,当且仅当每个模块都是活性、安全和可逆的并且满足操作时序条件。

由文献[110]中的定理 3 可知,支持混流生产的可重组模块化逻辑控制器是活的,安全的和可逆的,当且仅当每个控制模块是活的,安全的和可逆的,并且满足操作时序条件。

由于支持混流生产的可重组模块化逻辑控制的每个控制模块的活性,安全性和可逆性都可以得到保证,所以整个控制器的控制逻辑只要检验操作时序条件就可以很容易得到验证。

5.3.5　可重组模块化逻辑控制器的重构机制

对于可重组制造系统,逻辑控制器必须支持其重构。而可重组模块化逻辑控制器具有高度的模块化特征,因此,任何的系统重构都可以高度复用控制器原有的代码,提高重组效率。

另一方面,虽然文献[110]也提出了模块化逻辑控制器的思想,但是并未考虑可重组制造系统多品种、变批量和混流生产的特点,而本书提出支持混流生产的可重组模块化逻辑控制器,能很好地支持可重组制造系统的混流生产特点。

5.4　支持混流生产的可重组模块化逻辑控制器实现

5.4.1　混流可重组生产线描述

以汽车电机可重组生产线为例进行可重组模块化逻辑控制器设计方法研究。可重组电机转子生产线各工位成流水线布置,该生产线需支持产品混流生产。图 5-12(a)(b)是汽车电机转子生产线两个产品的部分生产时序图。[145]

不同产品的混流生产意味着:① 生产加工工艺路线的变化;② 加工设备软硬件加工参数的变化。[158]从图 5-12 中对比可以看出,生产 A 电机的部分加工工艺为:压整流子→插槽绝缘→绕线;生产 B 电机的相应部分加工工艺为:压整流子→绕线。另一方面,由于 A 电机和 B 电机的头数不同,绕线机采用的参数和加工时间都不同:A 电机采用 10 头参数,B 电机采用 12 头参数。[145,154]

5.4.2 可重组模块化逻辑控制器构建与实现

1. 加工设备逻辑控制器

● 确定加工序列的基本模型

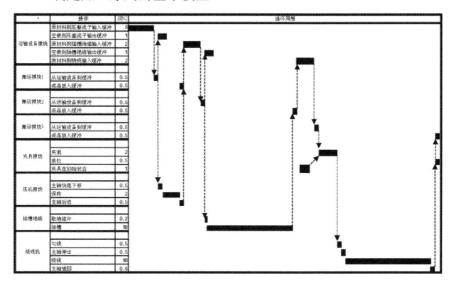

（a）A 产品

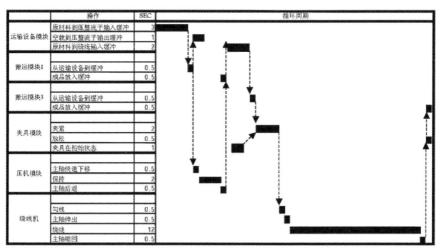

（b）B 产品

图 5‑12 汽车电机转子生产线 A 产品和 B 产品部分生产时序图

以图 5-12 中的时序关系为依据,分别得到 A 产品和 B 产品的加工设备逻辑控制器,如图 5-13 所示。

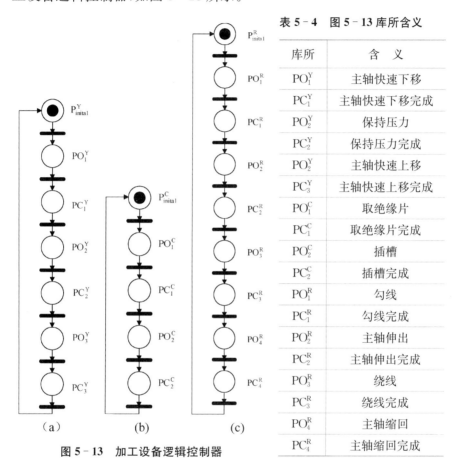

图 5-13　加工设备逻辑控制器

表 5-4　图 5-13 库所含义

库所	含　义
PO_1^Y	主轴快速下移
PC_1^Y	主轴快速下移完成
PO_2^Y	保持压力
PC_2^Y	保持压力完成
PO_3^Y	主轴快速上移
PC_3^Y	主轴快速上移完成
PO_1^C	取绝缘片
PC_1^C	取绝缘片完成
PO_2^C	插槽
PC_2^C	插槽完成
PO_1^R	勾线
PC_1^R	勾线完成
PO_2^R	主轴伸出
PC_2^R	主轴伸出完成
PO_3^R	绕线
PC_3^R	绕线完成
PO_4^R	主轴缩回
PC_4^R	主轴缩回完成

A 产品和 B 产品的压机逻辑控制器 Petri 网模型如图 5-13(a)所示,A 产品和 B 产品的绕线机逻辑控制器 Petri 网模型如图 5-13(c)所示,A 产品的插槽绝缘机逻辑控制器 Petri 网模型如图 5-13(b)所示,各库所含义如表 5-4 所示。

● 确定加工模型中变迁的内部变量条件

按照图 5-12 可知,插槽绝缘的逻辑控制器和绕线机的逻辑控制器受到内部变量条件的限制，即，PO_1^C 和 PO_1^R 的激发受到内部变量 IVC PC_3^Y 和 IVC PC_2^C 的控制，如图 5-14(a)和(b)所示。压机的逻辑控制器由于没有受到内部变量的影响而没有变化。

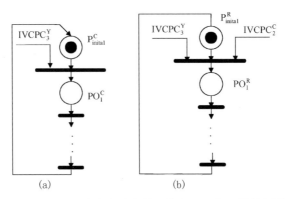

图 5-14　增加内部变量条件后的加工设备逻辑控制器

● 确定加工模型中变迁的输入决策变量条件

由于需要混流生产 A 产品和 B 产品，绕线机需执行不同的绕线参数，控制器需要根据不同产品设定不同的加工参数，变量设置如图5-15所示。

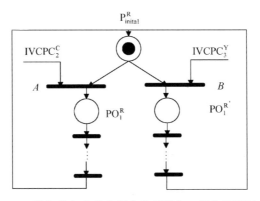

图 5-15　增加输入决策变量条件后的加工设备逻辑控制器

图 5-15加入了输入决策变量条件，其中 A 值（B 值）表示生产 A 产品（B 产品）的不同的输入决策变量条件值。由于只有绕线机需要针

对不同的产品进行参数调整，因此，只需要对图 5 - 14 中的(b)进行变化。

2. 产品决策逻辑控制器

图 5 - 16 为现场生产指令，由操作人员输入并决定了当前是生产何种产品。产品切换的 Petri 网描述如图 5 - 11(b)所示。

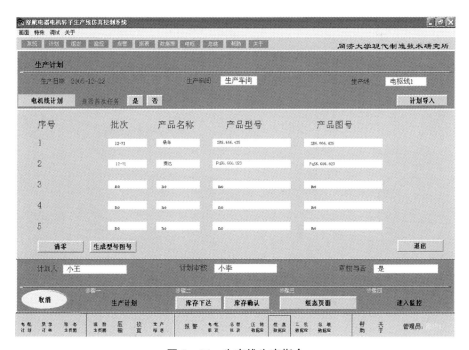

图 5 - 16　生产线生产指令

3. 可重组模块化逻辑控制器的重构策略

支持混流生产的可重组模块化逻辑控制器很容易适应汽车电机生产线的重组，随着产品变化增加，只需在相应的激发变迁上施加不同的变量。如需要增加 C 产品，在图 5 - 16 中增加加工指令，图 5 - 15 中加一个产品决策变量值 C。如 C 产品的加工工艺不同于 A 或 B 产品，则在不同加工设备的逻辑控制模块的激发处施加相应的输入变量条件即可。

4. 可重组模块化逻辑控制器的 SFC 语言实现

由上述论述可知,可重组模块化逻辑控制器是活性、安全和可逆的,因此可以直接被转换为 SFC 图(SFC 图介绍见 5.2.3 节)。SFC 图的结构和 GRAFCET 非常类似(一种 Petri 网描述语言,擅长描述可编程逻辑控制器),都具有层次化和模块化的特点,具体转化方法见表 5 - 5。[64]

表 5 - 5　可重组模块化逻辑控制器和 SFC 图之间的转换表

可重组模块化逻辑控制器模型	SFC 图
单个库所 ◯	简单步 ▭
初始库所 ⊙	初始步 ▣
简单变迁	简单变迁
同步变迁	同步变迁
并发变迁	并发变迁

S7 - Graph 是西门子公司推出的用于顺序控制程序编程的顺序功能图语言,遵从 IEC61131 - 3 标准中顺序控制语言(SFC)的规定。[159] 在 S7 - Graph 中,控制过程被分为许多明确定义了功能范围的步,用图形清楚地表明整个过程的执行情况。可以为每一步指定该步要完成的动作,由每一步转向下一步的进程通过转化条件进行控制。

图 5 - 17 是采用 S7 - Graph 实现支持混流生产的可重组模块化逻辑控制器的部分程序代码,控制器的内部变量及产品决策控制逻辑由各步转化条件的梯形图实现。

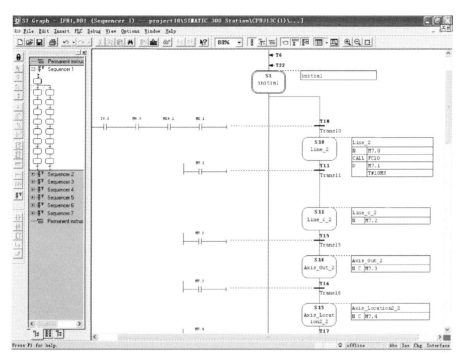

图 5‑17　支持混流生产的可重组模块化逻辑控制器 S7‑Graph 代码

5.5　本　章　小　结

　　针对可重组制造系统混流生产等特点,提出了一种基于 Petri 网的可重组模块化逻辑控制器设计方法,并证明了其活性、安全和可逆。该方法首先由产品加工时序图给出各个设备的基本加工 Petri 网模型,然后不同产品的加工工艺确定内部变量条件和输入决策变量条件并施加到相应的 Petri 网模型激发变迁,最后由现场生产指令确定产品决策控制逻辑。

　　该设计方法的特点为:

　　● 采用模块化的设计思想,易于重构,可方便地实现分布式控制。

● 支持混流生产,可简单、快速地适应不同产品生产工艺的变化。

以一个实际生产过程为例,详细阐明了支持混流生产的可重组模块化逻辑控制器的设计过程,并给出扩展和重构方法,验证该方法的便利性和有效性。最后,采用 S7 - Graph 语言实现该控制器。

第6章
总结与展望

当前工业技术发展进程的加快,产品更新换代周期的缩短,激烈的全球化市场竞争,制造企业如何提高自身快速响应能力,提高产品质量满足市场需求成为业界最为关心的问题。做为迎接"未来六大挑战"的关键技术之首的可重组制造系统能够通过组元升级、组态调整适时地改变自身生产功能和生产能力,这一制造系统模式的出现引起了诸多学者的关注并展开了深入的研究。但是可重组制造系统的动态重构性、可变性、模块化、可重用性等诸多特征,使得对这种系统的研究变得更为复杂。

Petri 网作为一种有效的图形与数学工具,可用于模拟许多具有并发与异步特征的系统,在计算机集成制造系统、柔性制造系统、操作系统、工作流等方面得到广泛的应用。但用来模拟与分析可重组制造系统的文献还很少见到。

6.1 全书总结

本书总结了可重组制造系统的发展现状,并对制造系统的建模及性能分析、生产调度以及系统控制三个方面的研究进行了全面细致的分析和回顾,指出了目前研究的不足之处。将 Petri 网引入到可重组制造系统的建模、调度和控制中,重点研究了可重组制造系统的三项关键技术——系统建模与性能分析方法、车间作业调度算法以及制造系统逻辑控制器设计。

本书的主要研究成果和创新点:

• 给出了体现可重组制造系统的理论框架和设计原则,指出布局规划与优化技术、离散事件动态建模技术、车间作业调度技术、可重组机床设计技术、模块化控制器技术、可拼接物流技术、构件集成和整合技术和系统快速可诊断技术,是实现可重组制造系统的重要使能技术,并阐述了如何运用这些技术实现可重组制造系统。从技术角度提出实现可重组制造系统的一个切实可行的完整体系。

• 提出了基于扩展随机 Petri 网的模块化建模方法,将可重组制造系统不同的加工资源对应于相应的 ESPN 基本模块,采用自底向上建模方法,通过过渡变迁合成 ESPN 模型。该模型通过反映可重组制造基本特征的模块,可方便、有效地描述可重组制造系统的模块化、重构性和集成性。ESPN 能描述任意分布的离散事件系统,因此能精确地体现系统运行过程。

• 目前常用的性能分析方法都是基于 Petri 网的可达图。众所周知,生成复杂系统的可达图是一件相当困难的工作,而且存在状态空间爆炸问题。本书提出了基于行为表达式的可重组制造系统性能分析方法,采用该方法可方便地得到关于系统重要参数的函数关系,利用其关系式可直接得到系统性能及相应趋势图。

• 充分利用可变组元以及提高算法的适应性是可重组制造系统调度方法的前提,提出了一种基于确定性时间 Petri 网和遗传算法的调度方法,来解决可重组制造系统的生产调度问题。通过表征系统不同重组特征的确定性时间 Petri 网的基本调度模块,给出系统的调度模型,遗传算法中将 Petri 网模型的激发序列作为染色体,算法操作与具体问题空间无关,目标函数引入了系统重组经济性指标。仿真试验表明:提出的 DTPN‐GA 调度算法,在提高可重组制造系统的快速响应性、经济成本性方面具有一定的优越性。

● 针对可重组制造系统混流生产、快速重组等特点,提出了一种基于 Petri 网的可重组模块化逻辑控制器设计方法,该控制器包括产品决策逻辑控制器以及加工设备逻辑控制器,通过施加不同的条件变量以明确相互之间的时序关系,并给出了相应的模块连接算法,产品的变化通过变量调整,可快速重组逻辑控制器。由 Petri 网自身特性,可证明支持混流生产的可重组模块化逻辑控制器是活性、安全和可逆的,可直接转换为 SFC 图,用于工业现场控制。该控制器特点为高度模块化、易于重构、支持混流、可方便的实现分布式控制。

6.2　进一步的研究工作

经过攻读博士学位期间的努力,虽然对可重组制造系统的若干关键技术进行深入地研究和探索,得出了一些有价值的经验和结论,但是由于时间和水平的限制,在理论和实践方面都有待进一步提高和完善,作者认为在以下方面还值得进一步研究和探讨:

● 优化系统建模过程,提供精确、高效的形式化建模和分析软件工具。

● 系统单元配置优化对制造系统运行性能有重要的影响,需要研究 RMS 的布局规划和优化策略,以提供最佳配置,并实现可变目标下的优化算法。

● 由于实际生产过程的复杂性和随机性,急需建立高效、快速的生产调度算法,以提高订单完成率和设备利用率,将制造过程的知识融入生产调度是目前发展的一个趋势。

● 结合生产现场的硬件设备,增加可重组模块化逻辑控制器的故障恢复等功能,这对于减少系统 Rump-up 时间有着非常重要的现实意义。

参考文献

［1］ 中国制造业信息化［EB/OL］. ［2005 - 05 - 25］. http://www. e-works. net. cn/ewk2004/tbbd/gjc.

［2］ 中华人民共和国国家统计局. 中华人民共和国 2004 年国民经济和社会发展统计公报［M］. 北京：国家统计局，2005.

［3］ 解放日报. 确立上海先进制造业的高端优势［EB/OL］. ［2005 - 05 - 25］. http://www. people. com. cn/GB/lilun/40551/3053531. html.

［4］ 梁福军，宁汝新. 可重构制造系统理论研究［J］. 机械工程学报，2003，39(6)：36 - 42.

［5］ Koren Y，Heisel U，Jovane F，et al. Reconfigurable manufacturing systems ［J］. Annals of the CIRP，1999，48(2)：527 - 540.

［6］ 盛伯浩，罗振璧，俞圣梅，等. 快速重组制造系统的构建原理及其应用［J］. 工业工程与管理，2001(1)：16 - 21.

［7］ 约瑟夫派恩. 大规模定制—企业发展前沿［M］. 北京：中国人民大学出版社，2000.

［8］ 马玉敏. 单元化制造系统的构建及评价［D］. 上海：同济大学机械工程学院，2002.

［9］ 朱剑英. 现代制造系统模式、建模方法及关键技术的新发展［J］. 机械工程学报，2000，36(8)：1 - 5.

[10] Buzacott J A. A perspective on new paradigm in manufacturing system[J]. Journal of manufacturing system，1995，14(2)：118 –125.

[11] Kusiak A，He D W. Design for agile assembly：An operational perspective [J]. International Journal of Production Research，1997，35(1)：157 – 178.

[12] Mansfield E. New evidence on the economic effects and diffusion of FMS[J]. IEEE Transactions on Engineering Management，1993，40(1)：76 – 79.

[13] Mehrabi M G，Ulsoy A G，Koren Y，et al. Trends and perspectives in flexible and reconfigurable manufacturing systems[J]. Journal of Intelligent Manufacturing，2002，13：135 – 146.

[14] Bjorkman T. The rationalization movement in perspective and some ergonomic implications[J]. Applied Ergonomic，1996，27(2)：111 – 117.

[15] Noaker P M. The search for agile manufacturing [J]. Manufacturing Engineering，2000，13：34 – 40.

[16] Nagal R，Dove R. 21st century manufacturing enterprise strategy：An industry-lead wiew[D]. Iacocca Institute：Lehigh University，1991.

[17] Goldman S L，Nagel R N，Preiss K. Agile competitors and virtual organizations：strategies for enriching and customer[M]. New York：Van Nostrand Reinold Company，1995.

[18] 张曙. 分散网络化制造[M]. 北京：机械工业出版社，1999.

[19] Mehrabi M G，Ulsoy A G，Koren Y. Reconfigurable manufacturing systems：Key to future manufacturing [J]. Journal of Intelligent Manufacturing，2000(11)：403 – 419.

[20] 张曙. 美国的下一代制造和我们的对策[J]. 中国机械工程，2000，11(1)：97 – 100.

[21] Bollinger J G. Visionary Manufacturing Challenges for 2020[J]. National Academy Press，1999.

[22] 国家自然基金委[EB/OL]. [2005 – 05 – 25]. http://www. nsfc. gov. cn/ nsfc.

[23] http://eclipse. engin. umich. edu/CIRP05/rms2005. htm, 06 - 3 - 16.

[24] Wang L T, Kannatey-Asibu Jr E, Mehrabi Mostafa G. A method for sensor selection in reconfigurable process monitoring[J]. Journal of Manufacturing Science and Engineering, Transactions of the ASME, 2003, 125（1）: 95 - 99.

[25] NSF Engineering Research Center for Reconfigurable Manufacturing System [EB/OL]. [2006 - 02 - 22]. http://erc. engin. umich. edu/research. htm.

[26] Heisel U, Michaelis M. RMS — Opportunities and challenges[C]. CIRP 1st International Conference on Reconfigurable Manufacturing, Ann Arbor, MI, 2001,（CD - ROM）.

[27] Heisel U, Meitzner M. Progress in reconfigurable manufacturing systems [C]. Modern Trends in Manufacturing, Second International CAMT Conference (Centre for Advanced Manufacturing Technologies), 2003, 129 - 136.

[28] Fletcher M, Brennan R W, Norrie D H. Modeling and reconfiguring intelligent holonic manufacturing systems with Internet-based mobile agents [J]. Journal of Intelligent Manufacturing, 2003, 14(1): 7 - 23.

[29] Instieute for Manufacturing[EB/OL]. [2006 - 2 - 22]. http://www. ifm. eng. cam. ac. uk/automation.

[30] Chirn J L, McFarlane D C. A holonic component-based approach to reconfigurable manufacturing control architectur [C]. Proceedings of HolonMas00. London, 2000, 9: 1 - 5.

[31] Yuan C, Ferreira P. An integrated rapid prototyping environment for reconfigurable manufacturing systems [C]//ASME 2003 International Mechanical Engineering Congress and Exposition. American Society of Mechanical Engineers, 2003: 737 - 744.

[32] Chen Y Y, Placid F. An integrated rapid prototyping environment for reconfigurable manufacturing systems [C]. Proceedings of IMECE'03:

ASME Internation Mechanical Engineering Congress & Exposition，2003，11：1-8.

[33] Kazushi O，Kang G S. Model-based control for reconfigurable manufacturing systems[C]. Proceedings of the International Conference on Robotics & Automation，2001，5：553-558.

[34] Kong Z，Ceqlarek D. Rapid deployment of reconfigurable assembly fixtures using workspace synthesis and visibility analysis[J]. CIRP Annels，2003，52(1)：13-16.

[35] 林胜. 从 FMS 走向 RMS——可重配制造系统[J]. 航空制造技术，2002(8)：23-26.

[36] 盛伯浩，罗振璧，赵宏林等快速重组制造系统(RRMS)——新一代制造系统的原理及应用[J]. 制造技术与机床，2001(8)：37-44.

[37] 顾农. 可重组制造系统若干关键技术问题研究[D]. 北京：中国科学院自动化研究所，2003.

[38] 倪中华. 网络化制造环境下面向快速重组制造的 CAPP 技术研究[D]. 南京：东南大学，2001.

[39] 孙连胜，宁汝新. 基于可重构单元的生产线规划研究[J]. 北京理工大学学报，2002，6：678-681.

[40] 俞建锋，殷跃红，陈兆能. 可重构装配系统建模[J]. 中国机械工程，2003，14(13)：1108-1111.

[41] 许虹，唐任仲，程耀东. 可重构机床控制的模块化设计方法. 浙江大学学报，2004,38(1)：5-10.

[42] 张广鹏，史文浩，黄玉美等. 机床整机动态特性的预测解析建模方法[J]. 上海交通大学学报，2001,35(12)：1834-1837.

[43] 张根保，王化培. 可重构机床及其关键技术[J]. 制造技术与机床，2002,5：22-24.

[44] 罗振璧，朱耀祥. 现代制造系统[M]. 北京：高等教育出版社，2004.

[45] 罗振璧，朱立强，杨伟恒等. 对未来工业工程的思考[J]. 工业工程，2003，6

(10)：21 - 24.

[46] Factory-Wide Solution IATS Automation [EB/OL]. [2005 - 12 - 01]. http：//www. atsautomation. com.

[47] Tri-Way[EB/OL]. [2005 - 12 - 01]. http：//www. tri-way. com.

[48] University of TEXAS Arlington [EB/OL]. [2005 - 12 - 01]. http：//arri. uta. edu/pag/expertise/expertise.

[49] 刘飞,张晓冬,杨丹. 制造系统工程[M]. 2 版. 北京：国防工业出版社,2000.

[50] Cassandras C G. Discrete event systems：modeling and performance analysis [M]. Burr Ridge：IRWIN Inc. , 1993.

[51] 范玉顺,王刚,高展. 企业建模理论与方法学导论[M]. 北京：清华大学出版社,2001.

[52] 陈禹六. IDEF 建模分析和设计方法[M]. 北京：清华大学出版社,1999.

[53] 江志斌. Petri 网及其在制造系统建模与控制中的应用[M]. 北京：机械工业出版社,2004,5.

[54] 陈文德,齐向东. 离散事件动态系统[M]. 北京：科学出版社,1994.

[55] Ramadge P，Wonham W M. The control of discrete event system[M]. Proceedings of IEEE, 1989，77(1)：81 - 89.

[56] 郑大钟,赵千川. 离散事件动态系统[M]. 北京：清华大学出版社,2001.

[57] Hopcroft J E,Ullman J D. Introduction to automata theroy，language and computation[J]. ACM SIGACT News，2001, 32(1)：60 - 65.

[58] Cohen C. A linear system theoretic view of discrete event processes and its use for performance evalution in manufacturing [J]. IEEE Trans. On Automatic Control，AC - 30，1985，3：210 - 220.

[59] 孟玉珂. 排队论基础及应用[M]. 上海：同济大学出版社,1989.

[60] Uryasev S. Analytical perturbation analysis of discrete event dynamic systems[C]. Proc. of the Fourth Inter. Conf. on Computer Intergrated Manuf. and Automation Tech, 1994：347 - 402.

[61] 袁崇义. Petri 原理[M]. 北京：电子工业出版社,1998.

[62] Zhou M C，McDermott K，Patel P A. Petri net synthesis and analysis of a flexible manufacturing system cell[J]. IEEE Trans. on S. M. C. , 1993，23 (2)：523 - 530.

[63] Zhou M C，DiCesare F. Parallel and sequential mutual exclusions for Petri net modeling for manufacturing systems with shared resources[J]. IEEE Trans. Rototics Automation, 1991，7(7)：515 -527.

[64] R. 大卫,H. 奥兰. 佩特利网和逻辑控制器图形表示工具(GRAFCET)[M]. 北京：机械工业出版社，1996.

[65] Jiang Z B，Zuo M J，Richard Fung Y K，et al. Temporized colored Petri nets with changeable structure (CPN - CS) for performance modeling of dynamic production systems[J]. Inter. J. of Production Research，2000，38(8)：1917 - 1945.

[66] 蔡宗琰. 计算机辅助可重构制造系统设计的概念研究[D]. 西安：西北工业大学，2002.

[67] Lewis F L，Gurel A，Bogdan S,et al. Analysis of deadlock and circular waits using matrix model of flexible manufacturing systems[J]. Automation, 1998，34(9)：1083 - 1100.

[68] Lee J K，Ouajdi K. Modeling and scheduling of ratio-driven FMS using unfolding time Petri nets[J]. Computer & Industrial Engineering, 2004, 46(6)：639 - 653.

[69] Ramaoorthy C，Ho G. Performance evaluation of asynchronous concurrent systems by timed Petri nets[J]. IEEE Trans. on Software Engineering, 1980,Vol. SE - 6：440 - 449.

[70] Zurawski R，Zhou M C. Petri nets and industrial application：a tutorial[J]. IEEE Tran. on industrial electronics，1994，41(6)：567 -583.

[71] 林闯. 计算机网络和计算机系统的性能评价[M]. 北京：清华大学出版社，2001.

[72] 幸研,易红,汤文成. 基于 GSPN 的过程建模分析方法研究[J]. 机械工程学

报，2004，40(3)：145 - 149.

[73]　Lin C，Marinescu D C. Stochastic high-level Petri nets and applications[J].
IEEE Transactions on Computers，1988，37(7)：815 -825.

[74]　Robert Y，Desrochers A A. Performance evaluation of automated
manufacturing system using generalized stochastic Petri nets[J]. IEEE
Tran. on robotics and automation，1990,6(6)：621 - 639.

[75]　Jin Y C，Reveliotis S A. A generalized stochastic petri net model for
performance analysis and control of capacitated reentrant lines[J]. IEEE
Tran. on Robotics and Automation，2003，19(6)：474 -480.

[76]　Guo D L，DiCesare F，Zhou M C. A moment generating function based
approach for evaluating extended stochastic Petri nets[J]. IEEE Tran. on
automatic control，1993，38(2)：321 - 327.

[77]　George Liberopoulos，Production Capacity Modeling of Alternative，
Nonidentical，Flexible Machines [J]. International Journal of Flexible
Manufacturing System，2002，14(4)：345 - 359.

[78]　黄雪梅,王越超,谈大龙,等.可重构装配生产线数字仿真平台系统集成与建
模研究[C]. Proceedings of the 5th World Congress on Intelligent Control and
Automation,中国杭州,NewYork：IEEE，2004：2768 - 2772.

[79]　Gui X Q,McLean C,Riddick F. Simulation system modeling for mass
customization manufacturing[C]. Proceedings of the 2002 Winter Simulation
Conference，Los Alamitos，CA：IEEE Computer Society Press，2002：
2031 -2036.

[80]　Lee S，Dawn M T. An application of supervisory control methods for a
serila/parallel multi-Part flow line：modelling and deadlock analysis[EB/
OL]. [2005 -02 - 12]. http://erc. engin. umich. edu.

[81]　Setchi R M，Lagos N. Reconfigurability and reconfigurable manufacturing
systems：state-of-the-art review[C]. 2nd. IEEE International Conference on
Industrial Informatics，Indin，Jun，2004：529 - 535.

[82] Yigit Ahmet S，Allahverdi Ali. Optimal selection of module instances for modular products in reconfigurable manufacturing systems[J]. International Journal of Production Research，2003，41(17)：4063 - 4074.

[83] 王凌. 车间调度及其遗传算法[M].北京：清华大学出版社，2003.

[84] Brucker P. Scheduling algorithms[M]. Berlin：Springer-Verlag，1998.

[85] Jiang Chang-Qing，Singh M G，Hindi K S. Optimized Routing in flexible manufacturing systems with blocking[J]. IEEE Trans. on Systems，Man，and Cybernetics，1991，21(3)：5889 - 5895.

[86] Jeffcoat D E，Robert L B. Simulated annealing for resource-constrained scheduling[J]. European Journal of Operational research，1993，70：43 - 51.

[87] Narahari Y；Khan L M. Performance analysis of scheduling policies in semiconducting manufacturing systems[J]. Modelling，Measurement & Control，1994，10(3)：19 - 29.

[88] Murata T. Petri nets：Properties，analysis，and applications[C]. Proc. of the IEEE，1889，77(1)：541 - 580.

[89] Choi In - C，Choi D - S. A local search algorithm for jobshop scheduling problems with alternative operations and sequence-dependent setups[J]. Computers and Industrial Engineering，2002，42(1)：43 - 58.

[90] Yang G W，Ju D P，Zheng W M，et al，Solving multiple hoist scheduling problems by use of simulated annealing[J]. Journal of Software，2001，12(1)：11 - 17.

[91] 潘正君,康立山,陈毓屏. 演化计算[M].北京：清华大学出版社，1998.

[92] Willens T，Brandts L. Implementing heuristics as an optimization criterion in neural networks for job-shop scheduling [J]. J. of Intelligent Manufacturing，1995(6)：377 - 387.

[93] Widmer M，Hertz A.. A new heuristic method for the flow shop sequencing problem[J]. European Journal of Oper. Res. ，1989，41(2)：186 - 193.

［94］ 蒋昌俊. Petri 网的行为理论及其应用［M］. 北京：高等教育出版社，2003.

［95］ Shih H，Sekiguchi T. A timed Petri Net and beam search based on-line FMS scheduling systems with routing flexibility［C］. IEEE Int. Conf. on Robotics and Automation，Sacramento，Apr. 1991：2548 –2553.

［96］ Lee D Y，Dicesare F. FMS scheduling using Petri Nets and heuristic search ［J］. IEEE Trans. on Robotics and Automation，1994，10(2)：123 – 132.

［97］ Sun T H，Cheng C W，Fu L C. A Petri net based approach to modeling and scheduling for and FMS and a case study［J］. IEEE Trans. on Industrial Electronics，1994，41(6)：593 – 601.

［98］ 薛雷，郝跃. 面向集成电路制造的基于 Petri 网的生产调度［J］. 电子学报，2001，29(8)：1064 – 1067.

［99］ Chen G L，Wang X F. Genetic algorithm and its application［M］. Post & Telecom Press，Beijing，1996.

［100］ Lin S Y，Fu L C，Chiang T C，et al. Colored timed Petri net and GA based approach to modeling and scheduling for wafer probe center［C］. Proc. of the 2003 IEEE Int. Conf. on Robotics and Automation，Taipei，2003，1(9)：1434 – 1439.

［101］ Chung Y Y，Fu L C，Lin M W. Petri net based scheduling for a flexible manufacturing system［C］. Proc. of the 37th IEEE Conf. on Decision and Control，1998，4：4346 – 4347.

［102］ Chuang A C，Fu L C，Lin M W，et al. Modeling，scheduling，and prediction for wafer fabrication：queueing colored Petri-net and GA based approach［C］. Proc. of the 2002 IEEE Int. Conf. on Robotics and Automation，2002，3：3187 – 3192.

［103］ Xu G，Wu Z M. Deadlock-free scheduling strategy for automated production cell［J］. IEEE Tran. on S. M. C.，2004，4(1)：113 – 122.

［104］ 郝东，蒋昌俊，林琳. 基于 Petri 网与 GA 算法的 FMS 调度优化［J］. 计算机学报，2005,28(2)：201 – 208.

［105］ Cheng-Huang Wu，Mark E. Lewis，Michael Veatch. Dynamic allocation of reconfigurable resources in a two-stage tandem queueing system with reliability considerations［J］. IEEE Transactions on Automatic Control，2006，51(2)：309 - 314.

［106］ Deif A M，EIMaraghy W. Investigating optimal capacity scalability scheduling in a reconfigurable manufacturing system. International Journal of Advanced Manufacturing Technology［EB/OL］.［2006 - 05 - 08］. http://springerlink. lib. tsinghua. edu. cn/（xuwwmx45ejsmr5ijdonbhdau)/app.

［107］ Yasuhiro Yamada，Kazuhiro Ookoudo，Yoshiaki Komura. Layout optimization of manufacturing cells and allocation optimization of transport robots in reconfigurabale manufacturing systems using particle swarm optimization ［C］. Proc. of the 2003 IEEE/RSJ Int. Conf. on Intelligent Robots and Systems. Las Vegas，Nevada，2003：2049 - 2054.

［108］ Mustapha Nourelfath，Daoud Ait-kadi，Isaac Soro. Optimal design of reconfigurable manufacturing systems［C］. Proc. of the 2002 IEEE International Conference on Systems，Man and Cybernetics，Vancouver，British，NewYork：IEEE，2002：461 - 466.

［109］ Mingyuan Chen，A mathematical programming model for system reconfiguration in a dynamic cellular manufacturing environment［J］. Annals of Operations Research，1998，77：109 - 128.

［110］ Park E，Tilbury D M，Khargonekar P P. A modeling and analysis methodology for modular logic controllers of machining systems using Petri net formalism［J］. IEEE Trans. S. M. C. - Part C，2001，31(2)：168 - 187.

［111］ Koacek P，Kronreif G，Probst R. A modular control system for flexible robotized manufacturing cells［J］. Robatica，1999，17：23 - 32.

［112］ Holloway L E，Krogh B H，Giua A. A survey of Petri net methods for controlled discrete event systems［J］. Discrete Event Dynamic System：Theory Applications，1997，7：151 - 190.

[113] Cassandras, C. G., & Lafortune, S. L. Introduction to discrete event systems[M]. Boston: Kluwer, 1999.

[114] Harel, D. Statecharts: A Visual Formalization for Complex Systems[J]. Science of Computer Programming, 1987, 8(3): 231 - 274.

[115] Damm W, Josko B, Hungar H, et al. A compositional real-time semantics of statemate designs[C]. Proceedings of COMPOS. 1997: 186 - 238.

[116] Rausch M., Krogh B H. Symbolic verification of stateflow logic[C]. Proceedings of the IFAC workshop on discrete event systems (WODES), Cagliari, 1998: 100 - 103.

[117] Endsley E W, Almeida E E, Tilbury D M. Modular finite state machines: Development and application to reconfigurable manufacturing cell controller generation[J]. Control engineering practice, 2006, 14(10): 1127 - 1142.

[118] Sreenivas R S, Krogh B K. On condition/event systems withdiscrete state realizations[J]. Journal of Discrete Event Dynamic Systems: Theory and Applications, 1991(1): 209 - 236.

[119] Ferrarini L, Narduzzi M, Tassan-Solet M. A new approachto modular liveness analysis conceived for large logic controllers' design[J]. IEEET rans. Robot. Automat., 1994, 10(4): 169 - 184.

[120] Zaytoon J. Specification and design of logic controllers for automated manufacturing systems[J]. Robot. Comput. -Integr. Manufact, 1996, 12 (4): 353 - 366.

[121] Zhou M, DiCesare F, Desrochers A A. A hybrid methodology for synthesis of Petri net models for manufacturing systems[J]. IEEE Trans. Robot. Automat., 1992, 8(6): 350 - 361.

[122] Ferrarini L, Narduzzi M, Tassan-Solet M. A new approach to modular liveness analysis conceived for large logic controllers' design[J]. IEEE Trans. on Robotics and Automation, 1994, 10(2): 169 - 184.

[123] Nicolas G Odrey, Gonzalo Mejia. An argumented Petri Net approach for

error recovery in manufacturing systems control［J］. Robotics and Computer-Integrated Manufacturing，2005，21：346－354.

[124] Alessandro Giua，Frank DiCeare. Petri Net structural analysis for supervisory control［J］. IEEE Transaction on Robotics and Automation，1994，10(2)：185－195.

[125] Kelwyn A，D'Souza，Suresh K Khator. System recofiguration to avoid deadlocks in automated manufacturing systems[J]. Computers ind. Eng.，1997，32(2)：455－465.

[126] Zaytoon J. Specification and design of logic controllers for automated manufacturing systems ［ J ］. Robotics and Computer-Integrated Manufacturing. 1996，12(4)：353－366.

[127] 李俊,戴先中,孟正大.基于信号解释 Petri 网的可重构逻辑控制器分析与涉及[J].东南大学学报，2004,34(11)：101－107.

[128] Frey G. Analysis of Petri net based control algorithms-basicproperties[C]. Proc. 2000 American Control Conference，Chicago，IL，2000，5：3172－3176.

[129] Park E，Tibury D M，Khargonekar P P. Modular logic controllers for machinning systems：formal representation and performance analysis using Petri nets[J]. IEEE Trans. on Robotics and Automation. 1999，15(6)：1046－1061.

[130] 谢楠,李爱平,徐立云. 可重组制造系统及其关键技术[J],同济大学学报，2005,33(11)：1513－1517.

[131] 王成恩.制造系统的可重构性[J].计算机集成制造系统—CIMS，2000，6(4)：1－5.

[132] 李培根,张洁.敏捷化智能制造系统的重构与控制[M].北京：机械工业出版社，2003.

[133] 江志斌,胡宗武.论制造系统模式的新进展[J].工业工程与管理，2002，2：1－7.

[134] Son S - Y. Design principles and methodologies for reconfigurable machining system[D]. Michigan：University of Michigan，2000.

[135] 吴启迪,严隽薇,张浩. 柔性制造自动化的原理与实践[M]. 北京：清华大学出版社，1997.

[136] Lauzon S C，Ma A K L，Mills J K. Application of discrete event system theory to flexible manufacturing[J]. IEEE Control Systems，1996，16(1)：41－48.

[137] Mehrabi M G，Ulsoy A G，Koren Y. Reconfigurable Manufacturing Systems and Their Enabling technologies[J]. International J. of Manufacturing Technology and Management，2000(1)：113－130.

[138] Zhong W，Maier-Speredelozzi V，Bratzel A，et al.，Performance analysis of machining systems with different configurations［C］. Proceedings of JUSFA：Japan－USA Symposium on Flexible Manufacturing，Japan，2000.

[139] 刘阶萍,陈禹六,罗振璧,盛伯浩. 敏捷化可重组制造系统及其布局原则和方法研究[J]. 制造业自动化，2002(12)：22－27.

[140] Moon Y - M，Kota S. A methodology for automated design of reconfigurable machine tools[C]. Proceedings of the 32nd CIRP International Seminar on Manufacturing Systems，Leuven,Belgium,1999(5)：297－303.

[141] Mehrabi M G，Kannatey-Asibu Jr E. Mapping theory：A new approach to design of multi-sensor monitoring of Reconfigurable Machining Systems (RMS)[J]. Journal of Manufacturing Systems，2001，20(5)：297－304.

[142] 谢楠,李爱平,徐立云. 基于广义随机 Petri 网的可重组制造单元建模与分析方法研究[J]. 计算机集成制造系统- CIMS，2006，12(6)：828－834.

[143] 谢楠,李爱平. 可重组制造单元建模与分析方法的研究[J]. 2005 全国博士生学术论坛(机械工程学科)论文集，2005：777－783.

[144] 蒋昌俊. 离散事件动态系统的 PN 机理论[M]. 北京：科学出版社，2000.

[145] 李爱平,谢楠,徐立云等. 汽车电机可重组装配生产线关键技术与装备的开

发应用项目调研报告[D].上海：同济大学，2004.

[146] Holland J H. Adaptation in natural and artificial systems[M]. Ann Arbor, MI：University of Michigan Press，1975.

[147] Grefenstette J J. Optimization of control parameters for genetic algorithm [J]. IEEE Trans. on S. M. C. ，1986，16(1)：122 – 128.

[148] 玄光男，程润伟.遗传算法与工程优化[M].北京：清华大学出版社，2004.

[149] 王小平，曹立明.遗传算法-理论、应用与软件实现[D].西安：西安交通大学出版社，2002.

[150] Zhao C W，Wu Z M. A genetic algorithm approach to the scheduling of FMSs with multiple routes[J]. The Inter. J. of Flexible Manufacturing Systems. 2001，13，71 – 88.

[151] Xie N，Li A P. Reconfigurable production line modeling and scheduling using Petri nets and genetic algorithm[J]. Chinese Journal of Mechanical Engineering，2006，19(3)：362 – 367.

[152] Li A P，Xie N. A robust scheduling for reconfigurable manufacturing system using Petri nets and genetic algorithm［C］. Proceedings of WCICA'06，Dalian，China. NewYork：IEEE，2006：7302 – 7306.

[153] Zhou M C，Mu D J. Modeling,analysis,simulation,scheduling,and control of semiconductor manufacturing systems：a Petri net approach[J]. IEEE Trans. on Semiconductor Manufacturing，1998，11(3)：333 – 357.

[154] 李爱平,谢楠,徐立云等.汽车电机可重组装配生产线关键技术与装备的开发应用项目总体方案[D].上海：同济大学，2004.

[155] Prischow G. Modular system platform for open control systems［C］. Production Engineering，1997，4(2)：100 – 108.

[156] Xie N，Li A P. An intelligent agent and Petri net approach to production scheduling of reconfigurable manufacturing system[C]. Proceedings of the International Conference on Advanced Design and Manufacture. Harbin, China. Nottingham Trent University，2006，1：353 – 358.

[157]　Dicesare F et al., Practice of Petri Nets in manufacturing[M]. London, U. K. : Chapman & Hall, 1993.

[158]　Li A P, Xie N, Cui Y W. Auto motor production line process monitoring and optimal control system based on configuration principle [C]. Proceedings of WCICA'06, Dalian, China. NewYork：IEEE, 2006：6864 - 6868.

[159]　廖常初. S7 - 300/400PLC 应用技术[M]. 北京：机械工业出版社, 2005.

后 记

本书是在导师李爱平教授的悉心指导和帮助下完成的。李教授在数字化制造及其系统自动化、网络化制造、知识工程、产品快速开发等相关领域广博的知识、灵活敏捷的科学思维给本人留下深刻的印象。她所倡导的严谨求实的治学态度、一丝不苟的钻研精神、勤于思考的作风使我获益匪浅。本人在博士学习期间，无论在学习上还是生活上，李老师都给了我极大帮助。在此首先向她致以最衷心的感谢和最诚挚的敬意。

感谢项目组的张为民教授、徐立云博士、吕超、崔艳伟、沈浩然、朱笑奔、左文涛和冯峰，他们丰富的理论知识、正直善良的为人，以及项目组对学术问题和科研项目的热烈讨论，都给予作者很多帮助和启发。

感谢项目合作单位上海航天汽车机电股份有限公司以及舒航电器分公司的领导和员工，和他们的精诚合作使得课题顺利进行、圆满完成。

感谢实验室朝夕相处的其他老师和同学，他们是刘雪梅副教授、马淑梅副教授、朱文博、林献坤、王璐炯、应文兰、付翠玉、蒋昇、刘长正、王东立等同学，和他们的友谊弥足珍贵。还要感谢现代制造技术研究所的各位老师，以及读博期间有幸得到指点和帮助的几位专家学者，他们在作者学习期间提供了许多帮助，在此向他们表示由衷的感谢。

　　最后我要特别感谢我的父母和家人，多年的求学生涯是父母给了我极大的支持，他们无私的付出在精神上给予我莫大的鼓励，在生活上给予我无微不至的照顾，在学习上给予我极大的帮助，使我能够坚持学习、完成学业。

谢　楠